世界经典
酱料·酱汁
Sauce & Dips

日本柴田书店 编著
苏文杰 译

中国纺织出版社
国家一级出版社
全国百佳图书出版单位

图书在版编目(CIP)数据

世界经典酱料·酱汁/日本柴田书店编著;苏文杰译. —北京:中国纺织出版社,2019.4
ISBN 978-7-5180-5956-0

Ⅰ.①世… Ⅱ.①日… ②苏… Ⅲ.①调味酱—介绍—世界 Ⅳ.①TS264.2

中国版本图书馆CIP数据核字(2019)第029160号

原文书名:ソース&ディップス 手軽につくれて使いまわせるプロのための
原作者名:柴田书店
Tegarunitsukuretetsukaimawaseru Puronotameno Sauce & Dips by Shibata Publishing Co., Ltd.
Copyright © Shibata Publishing Co., Ltd. 2016
All rights reserved.
Original Japanese edition published by Shibata Publishing Co., Ltd.
This Simplified Chinese Language edition is published by arrangement with Shibata Publishing Co., Ltd., through East West Culture & Media Co., Ltd.
著作权合同登记号:图字:01-2018-2606

责任编辑:韩 婧 责任校对:王花妮
装帧设计:品 欣 责任印制:王艳丽

中国纺织出版社出版发行
地址:北京市朝阳区百子湾东里A407号楼 邮政编码:100124
销售电话:010—67004422 传真:010—87155801
http://www.c-textilep.com
E-mail:faxing@c-textilep.com
中国纺织出版社天猫旗舰店
官方微博 http://weibo.com/2119887771
北京华联印刷有限公司印刷 各地新华书店经销
2019年4月第1版第1次印刷
开本:787×1092 1/16 印张:12.5
字数:323千字 定价:98.00元

凡购本书,如有缺页、倒页、脱页,由本社图书营销中心调换

前言

若想拟订能掳获顾客的菜单，酱汁是不可欠缺的要素。借由不同巧思的酱汁，一道道日常料理便能展现出更大的魅力。酱汁既美味又能随意运用，它们丰富的种类与变化，是持续吸引顾客、让餐厅持续经营的最大要素之一。

话虽如此，考虑到配合餐厅每天的营业，当然不能只准备一些太费工费时的酱汁。

因此，本书广泛收录了多种充满创意的酱汁、蘸酱、色拉酱、调味酱、糊酱，以及综合调味料等，做法简单，只要佐上、淋上或者拌匀，就能为料理加分。另外，本书还介绍了运用部分酱汁的料理食谱，针对西式餐厅、酒吧、复合式餐饮酒吧、咖啡店、居酒屋等，本书的内容力求为各种营业场所提供帮助。

另外收录了番茄酱、罗勒青酱、酪梨莎莎酱以及白肉酱等基础酱汁及蘸酱，均来自日本人气餐厅大厨的私房配方。

为我们介绍酱汁类与料理食谱的多位大厨，有来自日夜客似云来的酒吧，也有来自法式或意式餐厅，还有来自日式餐厅、中式餐厅、越式餐厅与墨西哥餐厅。不同类型的料理是灵感的宝库，从中学习是拓展料理范围的快捷方式。

当你为调味感到迷惘，或试图在料理方面精益求精时，倘若本书对贵店能有所帮助，就再好不过了。

世界经典酱料・酱汁
Sauce & Dips
目录

Part 1 沙拉酱

- 油醋酱
  - 绀野 真 /organ…11
- 法式沙拉酱
  - 米山 有 /ぼつらぼつら…12
- 熏制意大利培根红酒醋酱
  - 永岛义国 /SALONE 2007…14
- 凯萨沙拉酱之基底
  - 中村浩司 /Hacienda del cielo…15
- 鳀鱼酒醋酱（加鳀鱼的色拉酱）
  - 荒井 升 /Restaurant Hommage…16
- 虾汁油醋酱
  - 荒井 升 /Restaurant Hommage…18
- 果酱沙拉酱
  - 横山英树 /（食）ましか…19
- 油醋酱加巴萨米克醋
  - 绀野 真 /organ…19
- 肉汁油醋酱
  - 荒井 升 /Restaurant Hommage…20
- 油醋酱加生姜
  - 绀野 真 /organ…21
- 甜酸汁沙拉酱
  - 足立由美子 /Maimai…21
- 香菜沙拉酱
  - 西冈英俊 /Renge equriosity…22
- 简朴越式沙拉酱
  - 足立由美子 /Maimai…23
- 油醋酱加咖哩粉
  - 绀野 真 /organ…24
- 辛辣辣椒沙拉酱
  - 足立由美子 /Maimai…24
- 辣味沙拉酱
  - 足立由美子 /Maimai…25
- 沙茶沙拉酱
  - 足立由美子 /Maimah…25

Part 2 蛋黄酱与蛋黄基底

- 蛋黄酱
  - 荒井 升 /Restaurant Hommage…26
- 塔塔酱
  - 荒井 升 /Restaurant Hommage…28
- 干贝红葱头塔塔酱
  - 荒井 升 /Restaurant Hommage…28
- 塔塔酱
  - 横山英树 /（食）ましか…30
- 墨西哥辣椒塔塔酱
  - 中村浩司 /Hacienda del delo…31
- 蒜泥蛋黄酱
  - 足立由美子 /Maimai…31
- 咸蛋塔塔酱
  - 西冈英俊 /Renge equriosity…32
- 薄荷与自制番茄干塔塔酱
  - 米山 有 /ぼつらぼつら…34
- 柚子胡椒蛋黄酱
  - 足立由美子 /Maimai…36
- 土豆鲔鱼蛋黄酱
  - 横山英树 /（食）ましか…38
- 意式鲔鱼酱（鲔鱼酱汁）
  - 冈野裕太 /ILTEATRINODA SALONE…39
- 越南鱼露蛋黄酱
  - 足立由美子 /Maimai…39
- 金华火腿卡士达奶油酱
  - 西冈英俊 /Renge equriosity…40
- 生姜拌茴香酒慕斯酱
  - 绀野 真 /organ…41
- 蒜泥酱
  - 荒井 升 /Restaurant Hommage…44
- 蒜泥慕斯泡沫酱
  - 荒井 升 /Restaurant Hommage…45
- 蛋黄醋塔塔酱
  - 中山幸三 /幸せ三昧…46
- 芒果蛋黄醋酱
  - 米山 有 /ぼつらぼつら…48

Part 3 奶酪、奶油与牛奶

白奶酪塔塔酱
- 荒井 升 /Restaurant Hommage…49

古冈左拉奶酪慕斯酱
- 米山 有 /ぽつらぽつら…50

古冈左拉奶酪乳霜酱
- 冈野裕太 /IL TEATRINO DA SALONE…50

新鲜山葵黄油起司酱
- 米山 有 /ぽつらぽつら…52

酒粕与白味噌蓝霉奶酪酱
- 米山 有 /ぽつらぽつら…52

帕玛森奶酪酱
- 绀野 真 /organ…53

拉古萨奶酪酱
- 永岛义国 /SAL0NE 2007…53

奶酪锅
- 横山英树 /（食）ましか…54

冷式奶酪锅
- 米山 有 /ぽつらぽつら…54

意式玉米粥用酱
- 永岛义国 /SAL0NE 2007…55

贝夏媚酱
- 荒井 升 /Restaurant Hommage…56

蛤蜊黄油酱
- 横山英树 /（食）ましか…58

鳗鱼焦化黄油酱
- 绀野 真 /organ…60

香艾酒风味黄油酱
- 荒井 升 /Restaurant Hommage…60

格勒诺布尔风黄油酱
- 绀野 真 /organ…61

Part 4 油酱

火腿油酱（自制番茄干、盐昆布与生火腿）
- 米山 有 /ぽつらぽつら…62

熏制油酱
- 西冈英俊 /Renge equriosity…63

橄榄糊酱
- 冈野裕太 /IL TEATRINO DA SALONE…63

荷兰芹青酱
- 汤浅一生 /BIODINAMICO…64

罗勒糊酱（罗勒青酱）
- 永岛义国 /SAL0NE 2007…65

香蒜鳀鱼热蘸酱
- 横山英树 /（食）ましか…66

生姜酱
- 横山英树 /（食）ましか…68

辣油
- 西冈英俊 /Renge equriosity…70

食用辣油
- 横山英树 /（食）ましか…71

葱油
- 足立由美子 /Maimai…71

香油
- 西冈英俊 /Renge equriosity…72

蒜油
- 足立由美子 /Maimai…72

麻婆豆腐基底酱
- 西冈英俊 /Renge equriosity…73

干贝油
- 西冈英俊 /Renge equriosity…74

Part 5 肉类 & 海鲜类

白肉酱
- 荒井 升 /Restaurant Hommage…75

茄汁肉酱
- 汤浅一生 /BIODINAMICO…76

鸡肝糊酱
- 汤浅一生 /BIODINAMICO…78

奶油烙鳕鱼酱
- 荒井 升 /Restaurant Hommage…79

墨鱼酱 I
- 横山英树 /（食）ましか…80

墨鱼酱 II
- 冈野裕太 /IL TEATRINO DA SAL0NE…81

鳀鱼酱
- 横山英树 /（食）ましか…84

海胆酱
- 米山 有 /ぽつらぽつら…85

香鱼生姜蘸酱
- 米山 有 /ぽつらぽつら…85

海鳗高汤茄子酱
- 横山英树 /（食）ましか…86

酒盗馅
- 米山 有 /ぽつらぽつら…88

海苔冻酱
- 中山幸三 /幸せ三昧…90

海苔黑橄榄酱
- 绀野 真 /organ…90

目录 5

Part 6 蔬菜 & 豆类

越南风味番茄酱
● 足立由美子 /Maimai…91

番茄酱
● 永岛义国 /SALONE 2007…92

西班牙番茄酱
● 横山英树 /（食）ましか…94

罗美斯扣酱
● 绀野 真 /organ…95

番茄培根意大利面的酱汁基底
● 横山英树 /（食）ましか…96

特拉帕尼糊酱
● 永岛义国 /SALONE 2007…97

法式酸辣酱
● 荒井 升 /Restaurant Hommage…98

意式番茄酱
（番茄、蛤蜊、泰式鱼露、香菜与酸豆）
● 米山 有 /ぽつらぽつら…98

墨西哥莎莎酱
● 中村浩司 /Hacienda del cielo…99

水果墨西哥莎莎酱
● 中村浩司 /Hacienda del cielo…99

墨西哥鲜酱
● 中村浩司 /Hacienda del cielo…100

烟熏墨西哥辣椒鲜酱
● 中村浩司 /Hacienda del cielo…100

昂蒂布风味酱
● 绀野 真 /organ…102

圆茄鱼子酱
● 绀野 真 /organ…102

洋葱酱
● 绀野 真 /organ…104

油封红洋葱
● 米山 有 /ぽつらぽつら…104

洋葱香草酱
● 中村浩司 /Hacienda del cielo…105

酪梨鲜酱
● 中村浩司 /Hacienda del cielo…106

水果酪梨莎莎酱
● 中村浩司 /Hacienda del cielo…107

核桃酪梨莎莎酱
● 中村浩司 /Hacienda del cielo…107

酪梨莎莎酱
● 荒井 升 /Restaurant Hommage…108

红椒泥酱
● 绀野 真 /organ…110

红椒慕斯酱
● 绀野 真 /organ…112

辣椒酱
● 横山英树 /（食）ましか…114

菜花泥酱
● 绀野 真 /organ…115

菜花与西蓝花蘸酱
● 米山 有 /ぽつらぽつら…115

煎烤四季豆泥酱
● 冈野裕太 /IL TEATRINO DA SALONE…116

鹰嘴豆糊酱
● 冈裕太 /IL TEATRINO DA SALONE…118

山椒鹰嘴豆糊酱
● 米山 有 /ぽつらぽつら…119

扁豆明太子蘸酱
● 米山 有 /ぽつらぽつら…119

玉米调味酱
● 绀野 真 /organ…120

玉米泥酱
● 绀野 真 /organ…121

玉米慕斯酱
● 绀野 真 /organ…121

酸梅芝麻萝卜泥
● 中山幸三 / 幸せ三昧…122

柚子胡椒白萝卜果醋酱
● 中山幸三 / 幸せ三昧…122

黄瓜醋酱
● 中山幸三 / 幸せ三昧…123

黄瓜酸豆酱
● 横山英树 /（食）ましか…123

秋葵芡汁
● 中山幸三 / 幸せ三昧…124

土豆泥
● 横山英树 /（食）ましか…124

嫩姜冰沙
● 横山英树 /（食）ましか…125

黑蒜调味酱
● 中山幸三 / 幸せ三昧…126

哈里萨辣酱
● 汤浅一生 /BIODINAMICO…128

辣根酱
● 汤浅一生 /BIODINAMICO…128

葱与山椒酱
● 米山 有 /ぽつらぽつら…129

佐料芡汁
● 中山幸三 / 幸せ三昧…129

醋橘冻
● 中山幸三 / 幸せ三昧…130

白色拌酱
● 中山幸三 / 幸せ三昧…130

豆皮与山药贝夏媚酱
● 米山 有 /ぽつらぽつら…131

豆腐蘸酱
● 西冈英俊 /Renge equriosity…132

豆腐与酪梨蘸酱佐鲥仔鱼
● 米山 有 /ぽつらぽつら…132

Part 7 酱油 & 味噌

纳豆酱油
- 中山幸三 / 幸せ三昧…133

南蛮泡酱
- 横山英树 /（食）ましか…134

芝麻姜味酱油
- 中山幸三 / 幸せ三昧…134

酒盗酱油
- 中山幸三 / 幸せ三昧…136

橄榄酱油
- 米山 有 /ぽつらぽつら…136

田乐味噌
- 中山幸三 / 幸せ三昧…138

橄榄味噌
- 米山 有 /ぽつらぽつら…138

金山寺味噌与巴萨米克醋酱
- 米山 有 /ぽつらぽつら…140

芥末醋味噌（红）
- 中山幸三 / 幸せ三昧…142

芥末醋味噌（白）
- 中山幸三 / 幸せ三昧…142

味噌柚庵泡酱
- 中山幸三 / 幸せ三昧…143

胡桃味噌酱
- 中山幸三 / 幸せ三昧…143

土佐醋冻酱
- 中山幸三 / 幸せ三昧…144

Part 8 中国与东南亚的调味料

XO 酱
- 西冈英俊 /Renge equriosity…145

甜面酱汁
- 西冈英俊 /Renge equriosity…146

红辣椒美极鲜味露
- 足立由美子 /Maimai…146

南乳酱
- 西冈英俊 /Renge equriosity…148

腐乳蘸酱
- 西冈英俊 /Renge equriosity…148

甜酸汁
- 足立由美子 /Maimai…150

越式甜酸姜酱
- 足立由美子 /Maimai…152

越式酸甜辣酱
- 足立由美子 /Maimai…152

黑醋调味酱
- 西冈英俊 /Renge equriosity…153

沙茶酱
- 足立由美子 /Maimai…153

四川调味酱
- 西冈英俊 /Renge equriosity…154

炒面综合酱
- 足立由美子 /Maimai…156

越南鱼露酱
- 足立由美子 /Maimai…158

花椒盐
- 西冈英俊 /Renge equriosity…159

胡椒盐莱姆蘸酱
- 足立由美子 /Maimai…159

水煮蛋酱
- 足立由美子 /Maimai…160

Part 9 芝麻 & 坚果

芝麻奶油酱
- 中山幸三 / 幸せ三昧…161

黑芝麻酱油
- 中山幸三 / 幸せ三昧…162

辣味芝麻调味酱
- 西冈英俊 /Renge equriosity…162

胡桃坚果酱（胡桃酱）
- 汤浅一生 /BIODINAMICO…164

胡桃调味酱
- 中山幸三 / 幸せ三昧…166

花生味噌酱
- 足立由美子 /Maimai…166

开心果糊酱
- 冈野裕太 /IL TEATRINO DA SALONE…168

香菜开心果酱
- 西冈英俊 /Renge equriosity…168

Part 10 酒类

红酒酱
- 西冈英俊 /Renge equriosity…169

沙丁鱼肝红酒酱
- 绀野 真 /organ…170

覆盆子酱 / 黑醋栗酱
- 绀野 真 /organ…172

绍兴酒酱油
- 西冈英俊 /Renge equriosity…172

Part 11 水果 & 甜点

糖渍柳橙大蒜酱
● 冈野裕太 /IL TEATRINO DA SALONE…173

苹果酱
● 横山英树 /（食）ましか…174

苹果调味品
● 绀野 真 /organ…174

葡萄乳霜酱
● 永岛义国 /SALONE 2007…176

牛奶糖酱
● 荒井 升 /Restaurant Hommage…177

香草奶油酱
● 荒井 升 /Restaurant Hommage…177

卡士达奶油酱
● 荒井 升 /Restaurant Hommage…178

提拉米苏用的马斯卡邦尼奶酪
● 永岛义国 /SALONE 2007…180

巧克力酱
● 荒井 升 /Restaurant Hommage…182

比切林酱
● 汤浅一生 /BIODINAMICO…184

好简单！炼乳酱
● 横山英树 /（食）ましか…184

绿豆椰子酱 / 绿豆酱
● 足立由美子 /Maimai…185

椰奶酱
● 足立由美子 /Mai mai…186

生姜糖浆
● 足立由美子 /Maimai…186

菠萝椰子慕斯酱
● 荒井 升 /Restaurant Hommage…188

运用酱汁 & 蘸酱的料理

法式蔬菜冻
● 米山 有 /ぽつらぽつら…13

结球红菊苣色拉
佐熏制意大利培根红酒醋酱
● 永岛义国 /SALONE 2007…14

凯萨沙拉
● 中村浩司 /Hacienda del cielo…15

甜椒与夏季蔬菜沙拉
佐鳀鱼酒醋酱
● 荒井 升 /Restaurant Hommage…16

香煎鲷鱼佐鳀鱼酒醋酱
● 荒井 升 /Restaurant Hommage…17

茄子辣椒沙拉
● 西冈英俊 /Renge equriosity…22

酥炸法式猪头肉冻
佐干贝红葱头塔塔酱
● 荒井 升 /Restaurant Hommage…29

软炸蛤蜊佐咸蛋塔塔酱
● 西冈英俊 /Renge equriosity…33

酥炸扇贝与节瓜
佐薄荷与自制番茄干塔塔酱
● 米山 有 /ぽつらぽつら…34

酥脆香煎鸡腿肉越式法国面包
● 足立由美子 /Maimai…36

鲔鱼蛋黄酱三明治
● 横山英树 /（食）ましか…38

炙烤扇贝与芦笋
佐生姜拌茴香酒慕斯酱
● 绀野 真 /organ…42

酪梨虾
佐生姜拌茴香酒慕斯塔塔酱
● 绀野 真 /organ…43

酥炸竹荚鱼佐蛋黄醋塔塔酱
● 中山幸三 / 幸せ三昧…46

古冈佐拉奶酪慕斯酱与
油封红洋葱
● 米山 有 /ぽつらぽつら…51

蛤蜊黄油塔佳琳
意式蛋奶面
● 横山英树 /（食）ましか…59

意式综合炖肉
佐荷兰芹青酱
● 汤浅一生 /BIODINAMICO…64

香蒜鳀鱼沙拉
● 横山英树 /（食）ましか…67

鲣鱼生肉薄片
● 横山英树 /（食）ましか…68

麻婆豆腐
● 西冈英俊 /Renge equriosity…73

墨鱼意大利炖饭
● 冈野裕太 /IL TEATRINO DA SALONE…82

海鳗茄子天使细发面
● 横山英树 /（食）ましか…87

香煎芜菁佐酒盗馅
● 米山 有 /ぽつらぽつら…88

鲍鱼与凉拌红辣椒拌酒盗馅
● 米山 有 /ぽつらぽつら…88

茄汁意大利直面
（以番茄酱为基底的直条意大利面）
● 永岛义国 /SALONE 2007…93

烧烤章鱼
佐烟熏墨西哥辣椒鲜酱
● 中村浩司 /Hacienda del cielo…101

香煎白肉鱼
佐昂蒂布风味酱与圆茄鱼子酱
● 绀野 真 /organ…103

藁烧鸭佐酪梨莎莎酱与巧克力酱
● 荒井 升 /Restaurant Hommage…108

烟熏鸡胸肉佐红椒冻
　　● 绀野 真 /organ…111
法式猪肉卷佐红椒泥酱
　　● 绀野 真 /organ…111
烤扇贝佐红椒慕斯酱与布瑞达奶酪
　　● 绀野 真 /organ…112
意式综合色拉
（章鱼、四季豆、土豆、绿橄榄）
　　● 冈野裕太 /IL TEATRINO DA SALONE…116
黑蒜酱烤土鸡与酪梨
　　● 中山幸三 / 幸せ三昧…126
节瓜奶焗淋豆皮
与山药贝夏媚酱
　　● 米山 有 /ぽつらぽつら…131
南蛮炸鸡
　　● 横山英树 /（食）ましか…135
炙烧鲣鱼生鱼片佐酒盗酱油
　　● 中山幸三 / 幸せ三昧…137
田乐味噌烤鳝鱼
　　● 中山幸三 / 幸せ三昧…139
香煎猪肉与季节蔬菜
佐金山寺味噌与巴萨米可醋酱
　　● 米山 有 /ぽつらぽつら…140
红烧猪肉汉堡
　　● 西冈英俊 /Renge equriosity…147
小乳羊佐南乳酱
　　● 西冈英俊 /Renge equriosity…149
炸春卷
　　● 足立由美子 /Maimai…150

口水鸡
　　● 西冈英俊 /Renge equriosity…154
简易金边粉
　　● 足立由美子 /Maimai…156
炸鸡翅蘸越南鱼露酱
　　● 足立由美子 /Maimai…158
烫蔬菜佐水煮蛋酱
　　● 足立由美子 /Maimai…160
金梭鱼棒寿司淋黑芝麻酱油
　　● 中山幸三 / 幸せ三昧…163
三角形意大利饺佐胡桃坚果酱
　　● 汤浅一生 /BIODINAMICO…164
烤茄子冻淋胡桃调味酱
　　● 中山幸三 / 幸せ三昧…167
沙丁鱼梅子鱼排佐沙丁鱼肝红酒酱
配牛蒡法式薄饼
　　● 绀野 真 /organ…170
鲭鱼生鱼片佐苹果酱
　　● 横山英树 /（食）ましか…175
提拉米苏
　　● 永岛义国 /SALONE 2007…181
巧克力冰点
　　● 荒井 升 /Restaurant Hommage…182
冷制 Chè
　　● 足立由美子 /Maimai…187
菠萝与椰子甜点
菠萝可乐达
　　● 荒井 升 /Restaurant Hommage…188

酱汁＆蘸酱

1　辣味酱汁篇…44
2　三明治酱汁篇…48
3　意大利面酱 基础篇…61
4　意大利面酱 变化篇…74
5　只要搭配面包即成前菜篇…94
6　鱼肉蔬菜都对味的万能酱汁篇…120

专栏

向墨西哥料理学习，酱汁与蘸酱之延伸…106
蔬菜泥酱之延伸…110
"炖煮"的技巧…144

前言…3
关于本书　关于材料…10
厨师与取材店家介绍…190
补充食谱…194
各店家的基本食谱…197

摄影 / 天方晴子、中岛聪美、东谷幸一
艺术指导 / 冈本洋平（冈本设计室）
设计 / 岛田美雪（冈本设计室）
编辑 / 井上美希、大掛达也、佐藤顺子

关于本书

○书中所标示的分量为各店家的准备量,最终完成的分量会因食材而异。大部分为 200 ~ 400ml,是小规模店家也方便准备的分量,但依食谱而异,也有部分会超出此分量。
○酱汁名称以各店家标记为准。
○收录的料理大多是为本书而特别构思,平时未必会供应。
○烤箱必须事先预热。
○烹调时的温度、火候、时间与材料的分量,仅为参考基准,实际会因为厨房条件、热能来源、加热机器的种类与材料的状态不同而异,必须适当调整。
○油醋酱在法语中是"沙拉酱"之意。
○肉汤与高汤是从肉骨或蔬菜等食材中萃取的汤汁。
○冰磨机(PACOJET),是一种可将冷冻过的食材直接以冷冻状态放入专用容器中打碎的调理机。

关于材料 (若文中未特别标示,则依照下记所述)

○标示 E.V. 橄榄油时,是使用初榨橄榄油;
  标示橄榄油,则是使用精炼纯橄榄油。
○使用无盐奶油。
○使用干燥的红辣椒。
○大蒜与洋葱皆剥皮再烹调。
○鳀鱼皆使用鱼柳部位。
○使用无籽橄榄。
○标示酸豆的皆是使用醋渍酸豆。
○整颗番茄是使用水煮的番茄罐头。
○"美播鲜味露(seasoning sauce magg)",是一种泰国与越南常用的黄豆酱油。
○低筋面粉、玉米粉皆事先过筛备用。
○塔斯马尼亚芥末是使用澳洲产的大粒芥末。
○使用烘焙过的坚果类。
○煮酒是指经过熬煮挥发掉多余酒精只留甜味的日本酒。
○标示麻油的是使用烘焙麻油。
○淡口酱油与浓口酱油的差别:前者颜色淡而咸味重,主要用来调味而不改变食材颜色,即"生抽"后者则颜色深而味道较淡,用于炖煮上色,即老抽。

Part 1

沙拉酱

沙拉酱做出来的味道通常都大同小异,
不过只要增添一点小巧思,
就可以做出风味各异的沙拉酱。
这个单元介绍了沙拉酱的各种变化,
可适用于所有沙拉,
另外还收录了适用于肉类与
鱼类料理的万能酱汁。

油醋酱
简朴的基础沙拉酱

不会遮掩蔬菜美味的简朴沙拉酱。
加入咖啡粉或是炖煮好的巴萨米可醋酱
等来做变化,
即可调配出各式各样的味道。

材料
白酒醋…50g
第戎芥末酱…30g
色拉油…100g
盐…2g

做法
将第戎芥末酱与盐加入白酒醋中,用打蛋器搅拌均匀。盐溶解后,再逐次加入少许色拉油搅匀。

保存方法与期限
冷藏可保存1周。

用途
适用于所有**沙拉**。可以加入香料、香草,或调味料来做变化。
(纽野 真/organ)

法式沙拉酱
柔和的酸味与洋葱的甜味

结合洋葱、苹果醋与香草，
炖煮3次使酸味变得柔和，充分提引出洋葱的甜味。
此酱的特色在于鲜味，
是仅用新鲜的提味蔬菜带不出来的。

材料

A
- 洋葱（切成1.5cm见方的丁状）…60g
- 苹果醋…180ml
- 龙蒿（干燥）…1小撮

B
- 水…180ml
- 洋葱（切成1.5cm见方的丁状）…60g
- 大蒜…1瓣
- 第戎芥末酱…12g

盐…10g
黑胡椒…适量
色拉油…720ml
水…180ml×3

保存方法与期限
冷藏可保存3～4天。

用途

适用于**"法式蔬菜冻"**（右页）等蔬菜料理，以及所有**沙拉**。
（米山 有 / ぽつらぽつら）

做法

1 将**A**放入锅中，以中火加热。

2 炖煮收干至照片般的状态后，加入180ml的水，进一步炖煮。

3 二次炖煮后的状态，再次加入180ml的水，继续炖煮。

4 完成三次炖煮的状态。

法式蔬菜冻

(米山 有/ぽつらぽつら)

将各式各样的季节蔬菜汆烫至口感适中,
再利用从番茄中渗出的透明汁液
来凝固成冻状。
可以享受缤纷的色彩与多变的形状。

做法 1人份

切下厚度 1.5cm 的法式蔬菜冻(p.194),
摆于冰镇好的盘子上。将番茄切成 5mm
见方的丁状,再佐上以法式沙拉酱(左
页)拌匀的食材与叶菜类嫩叶,最后将
法式沙拉酱倒入盘中。

5　将 180ml 的水加入 4 中,煮沸后即离火冷却。

6　将 5 与 B 放入搅拌机中,搅打至滑顺为止。

7　将色拉油分 3 次加入。每次加入时都需搅打,混合后再加入下次的分量,重复此步骤。

8　完成后的状态。

熏制意大利培根红酒醋酱

搭配带苦味的叶类蔬菜恰恰好

利用意大利培根（Pancetta）
煎出的油脂，结合红酒醋制作而成的沙拉酱。
做好马上淋在结球红菊苣上，
是意大利北部的基本吃法。

材料
熏制意大利培根…60g
红酒醋…40g
橄榄油…20ml
盐…少許

做法
1 将熏制意大利培根切成长3cm、宽7~8mm的长条状。于平底锅中加热橄榄油，将培根煎至酥酥脆脆。

2 平底锅离火后，立即将红酒醋倒入搅拌混合。此时可能会因红酒醋飞溅而造成烫伤，或是因蒸汽而呛到，请特别留心。于此步骤加盐调味。

保存方法与期限
现点现做，当次使用完毕。

用途
意大利是用此酱淋于**紫菊苣**（Radicchio，一种苦味极强烈的野生菊苣）上来享用。在日本，淋于**结球红菊苣**是第一首选，不过淋在**苦苣**或**欧洲菊苣**（chicory）这类**苦味较强烈的叶类蔬菜**上，我认为也很对味。
乍看好像很重口味，但因为红酒醋的比例高，意外成为一道清爽的沙拉，搭配**烤箱烘烤的猪小腿肉**这种油腻的料理很合拍。

（永岛义国 /SALONE 2007）

结球红菊苣沙拉 佐熏制意大利培根红酒醋酱

（永岛义国 /SALONE 2007）

叶类蔬菜的强烈苦味，意大利培根的熏制香气与脂肪鲜味，再加上红酒醋的强烈酸味，调制出三种势均力敌的好滋味。进一步通过酱汁引出结球红菊苣被苦味盖过的甜味，怎么也吃不腻。

做法 1人份
将结球红菊苣（1/2颗）切成一口大小后盛盘。将刚煮好的熏制意大利培根红酒醋酱（上述完成的全部分量），趁热绕圈淋上。

凯萨沙拉酱之基底

让凯萨沙拉更清爽

材料

A
- 伍斯特酱（李派林酱牌）…70g
- 鳀鱼…80g
- 大蒜…4瓣

B
- 第戎芥末酱…20g
- 蛋黄酱…300g
- E.V. 橄榄油…400ml
- 盐…12g

做法
1. 将 A 放入搅拌机中，搅打至滑顺为止。
2. 将 1 移放到调理钵中，加入 B，用打蛋器搅拌混合。

保存方法与期限
冷藏可保存1周。

位于墨西哥的
"凯萨饭店（Caesar's Place）"
是凯萨沙拉的发源地，
这道酱法的配方是参考其味道构思而成，
是一道发挥了李派林酱鲜味的清爽沙拉酱。

用途

作为"**凯萨沙拉**"（下记）的沙拉酱。
使用之际，与青柠汁及帕玛森奶酪一起用来拌萝蔓莴苣。

（中村浩司/Hacienda del cielo）

凯萨沙拉

（中村浩司/Hacienda del cielo）

这道沙拉重现了在墨西哥
凯萨沙拉发源地"凯萨饭店"品尝过的滋味。
不使用奶油或牛奶的清爽沙拉，
作为肉类料理的配菜也很适合。

做法 1人份
1. 将萝蔓莴苣（约1颗）斜切成5cm的宽度，再用凯萨沙拉酱之基底（上记，45ml）、青柠汁（1/8颗份）以及磨碎的帕玛森奶酪一起拌匀。
2. 摆盘并撒上油炸面包丁，最后撒上磨碎的帕玛森奶酪与黑胡椒。

鳀鱼酒醋酱（加鳀鱼的沙拉酱）
发挥鲜味与酸味的酒醋酱

材料
鳀鱼…14 片
黑橄榄…15g
大蒜…1/2 瓣
雪利酒醋…20g
E.V. 橄榄油…150g

做法
1 将 E.V. 橄榄油以外的材料全部放入搅拌器中，搅打至滑顺为止。
2 将 E.V. 橄榄油逐次少量地加入 1 中，每次加入皆须搅拌。

保存方法与期限
冷藏可保存 1 周。

用途
这是一道可用于任何料理的万能酱汁。若要用于蔬菜料理，可搭配**烧烤蔬菜**，或是作为**沙拉**的沙拉酱也不错。鱼类的话，与**白肉鱼**或是**青鱼**也很对味；搭配直接带骨煎的**比目鱼**或**牛舌鱼**更是绝配。若是肉类，则可做广泛的搭配，像是**牛、猪、鸡、鸭与小羔羊**等。
（荒井 升 /Restaurant Hommage）

这是一道加了鳀鱼的酒醋酱。
充分发挥鳀鱼的咸味与鲜味，
以及酒醋酱的酸味，
调制成轮廓鲜明的好滋味。
搭配沙拉也好，配上肉类、鱼类料理也不错，
是一道实用性极高的酱汁。

甜椒与夏季蔬菜沙拉佐鳀鱼酒醋酱
（荒井 升 /Restaurant Hommage）

这一道沙拉是将甜椒先用放了香草的油浸泡，
再搭配发挥鳀鱼鲜味的酒醋酱来享用。
摆上大量的夏季蔬菜组合，
让成品色彩美丽诱人。
（做法→ p.194）

香煎鲳鱼
佐鳀鱼酒醋酱
（荒井 升/Restaurant Hommage）

鲳鱼的肉质纤细，主要是从鱼皮那面来加热，
用香煎的方式将鱼煎得皮脆肉嫩。
酱汁则使用鳀鱼酒醋酱，发挥出鳀鱼的浓郁以及油醋酱的酸味。
（做法→p.195）

虾汁酒醋酱

添加虾子鲜味的酒醋酱

这道酒醋酱里添加了从虾头萃取的精华。
这里使用的是龙虾,
改用螃蟹或其他虾类
亦可制作出美味十足的酱汁。

材料

龙虾汁…自下列分量中取 30g
　龙虾头 *…600g
　洋葱（切成薄片）…1 颗
　红萝卜（切成薄片）…1 根
　芹菜（切成薄片）…2 根
　大蒜（对切成半）…1 头
　百里香…2 根
　月桂叶（新鲜的）…2 片
　番茄糊…100g
　干邑白兰地（酒精已挥发）…60ml
　白酒…150ml
　橄榄油…适量
油醋酱（p.197）…200g

* 假如没有龙虾，使用蟹黄与蟹壳、甜虾或是凤尾虾等虾类的头也无妨。

做法

1　制作龙虾汁。
①将橄榄油滴入平底锅中，以大火加热，用木锅铲等边挤压龙虾头边炒 10～15min，直到散发出香气。
②将①与其他的材料全放入锅中，置于火上加热。
③于即将沸腾前将火转小，捞除浮沫。以小火炖煮约 40min 后过滤。
2　将冷却后的龙虾汁与油醋酱倒入调理钵中，用手持式搅拌棒搅拌混合，使之乳化。

保存方法与期限

冷藏可保存 1 周，冷冻可保存 1 个月。

用途

与**蔬菜、海鲜类、豆类沙拉**都很对味。
（荒井 升 /Restaurant Hommage）

果酱沙拉酱
活用蔬菜自然风味的好滋味

使用了蔬菜果酱的沙拉酱,
运用于有机蔬菜的沙拉。
使用带有天然甜味的果酱,
那份甜味不但能发挥出有机蔬菜独有的风味,
更能凸显出蔬菜本身的甜味。

材料
A ⎡ 洋葱(切成粗末)…300g
　 ⎢ 番茄果酱…800g
　 ⎢ 雪莉酒醋…100g
　 ⎣ E.V. 橄榄油…150g
青柠汁…少許
盐…8g

做法
1 将 **A** 放入调理钵中,用手持式搅拌棒搅打至滑顺为止。
2 加青柠汁与盐调味。

保存方法与期限
冷藏可保存 20 天。

用途
以有机叶类蔬菜为主的当季蔬菜,
搭配组合制成**沙拉**,
再以此酱作为沙拉酱。
这里是使用番茄果酱,
若改用微甜的柑橘果酱或柚子茶应该也不错。
(横山英树 /(食)ましか)

油醋酱加巴萨米克醋
让基础沙拉酱增添浓郁层次

让基础沙拉酱增添浓郁层次,
将巴萨米克醋与蜂蜜炖煮过后,
加入简朴的沙拉酱中,
增添酱汁的浓郁度。

材料
油醋酱(p.11)…30g
巴萨米克醋酱*…5g

* 巴萨米克醋酱的做法:将蜂蜜(7.5ml)加入巴萨米克醋(200ml)中,以火加热。沸腾后转为小火,炖煮至呈浓稠状。

做法
将油醋酱与巴萨米克醋酱搅拌混合。

保存方法与期限
冷藏可保存 1 周。

用途
可以广泛运用于所有**沙拉**。
(绀野 真 /organ)

肉汁油醋酱

加了鸡高汤的油醋酱

这道油醋酱中添加了
经过炖煮而浓缩了鲜味的鸡高汤，
利用强烈的酸味封住浓郁的鲜味。
酱汁的味道本身完成度高，
搭配任何食材都行！

材料

鸡高汤…自下列分量中取 30g
　鸡骨…6kg
　红葱头…12g
　大蒜…40g
　水…12L
油醋酱（p.197）…200g

做法

1 制作鸡高汤。
①于锅中煮沸热水（分量外），将鸡骨放入快速汆烫。过冷水，再以流水充分洗净。
②将①与其他材料放入另一个锅中，放入 85℃ 的烹饪蒸烤箱中，加热约 10h。
③将②过滤后，倒入锅中。以小火加热，边捞除浮沫边炖煮 4h 左右，直到剩约 1/10 的汤量为止。

2 待 1 冷却后，倒入调理钵中。将油醋酱加入，用手持式搅拌棒搅打使之乳化。

保存方法与期限

冷藏可保存 1 周，冷冻可保存 1 个月。

用途

酱汁本身的鲜味浓烈，**无论搭配任何食材都能成为美味可口的佳肴**。若要用于**蔬菜料理**，不妨搭配**汆烫或煎烤蔬菜**。搭配鱼类的话，此酱与**三线矶鲈或甘鲷的香煎料理**等格外对味。运用于肉类料理时，另添加香草或香料来使用即可。**牛肉**用山椒或山椒芽、**猪肉**用新鲜的月桂叶、**鸡肉**用鼠尾草、**鸽肉**则用八角，请依搭配的肉类来改变添加的香草或香料。请于步骤 1 之③炖煮完后，再将这些香草或香料加入，煮滚后即可离火。

（荒井 升/Restaurant Hommage）

酒醋酱加生姜

利用生姜与柑橘调制得更爽口

于朴素的酒醋酱中,
增添生姜与柑橘的清爽滋味。
成为一道爽口无比的沙拉酱。

材料

A ⎰ 生姜汁…25g
　 ⎰ 香橙果酱…70g
　 ⎰ 红酒醋…60ml
　 ⎰ 白酒醋…40ml
　 ⎰ 第戎芥末酱…60g
　 ⎩ 盐…4g
E.V. 橄榄油…300g

做法

1 将 **A** 倒入调理钵中,用打蛋器搅拌混合,使盐溶解。
2 用打蛋器一边搅拌 1,一边逐次少量地加入 E.V. 橄榄油。

保存方法与期限

冷藏可保存 1 周。

用途

希望调制出清爽滋味的**沙拉**时,可采用此酱。这道沙拉酱适合用于与生姜契合的食材,因此凡是加了生的或半生的海鲜类(**白肉鱼生鱼片、扇贝贝柱、乌贼、章鱼**等),或是炙烤鱼肉的沙拉,搭配此酱都十分合适。因为酱里含有香橙,因此与加了柑橘类的沙拉也很合拍。

(绀野 真 /organ)

甜酸汁沙拉酱

越南风味的沙拉酱

甜酸汁在越南是很受欢迎的调味酱,
另外添加蒜油,变化成地道越南风味沙拉酱。

材料

甜酸汁(p.150)…3 大匙
蒜油(p.72)…1 大匙

做法

将甜酸汁与蒜油搅拌混合。

保存方法与期限

冷藏可保存 2～3 天。

用途

只要淋上这道沙拉酱,就可以让普通的沙拉变成越南风味。**生菜沙拉**当然不必说,此酱与水煮肉及蔬菜组成的沙拉也很合适,像是快速烫好的**豆芽菜水煮鸡肉沙拉**与**猪肉片沙拉**等。

(足立由美子 /Maimai)

香菜沙拉酱
适合夏天的清爽香气

材料
香菜（粗末）…100g
覆盆子醋…25g
白酒醋…25g
生抽…25g
E.V. 橄榄油…100g

做法
将所有材料放入食物调理机中，搅打至滑顺为止。

保存方法与期限
香菜容易变色，且容易变质，因此请于制作当天就使用完毕。

这道沙拉酱用了大量的香菜，
散发着清爽的香气。
盛夏时期，淋在沙拉上，
可以带来无与伦比的清凉好滋味。

用途
可依**茄子辣椒沙拉**（下记）的方式，将夏季蔬菜烤制后拼做成沙拉，再配上此酱则恰到好处。
（西冈英俊/Renge equriosity）

茄子辣椒沙拉
（西冈英俊/Renge equriosity）

这是一道冷盘前菜，先以炭火炙烤夏季蔬菜，再使用大量香菜调制而成的沙拉酱加以拌匀即成。充分沐浴于夏阳下的蔬菜，甜味十分强烈鲜明，而香菜的清爽风味可更立体地衬托出其鲜甜。

做法 2 人份
烤茄子（180g）、置于烤网上以炭火烤好的秋葵与辣椒（各3根），分别切成方便食用的大小，再用香菜沙拉酱（60g）拌匀。

简朴越式沙拉酱
越南的清爽沙拉酱

这道沙拉酱在越南是搭配生菜沙拉的固定搭档。成分十分简朴,只需将醋、砂糖、盐与胡椒,加入东南亚的黄豆酱油(美极鲜味露)中即可。由于未加入一滴油,因此味道十分清爽。

材料

A
- 美极鲜味露…15ml
- 米醋…30ml
- 细砂糖…4小匙
- 盐…1/4小匙
- 黑胡椒…适量

洋葱酥(依喜好)*…适量

＊用东南亚产的小型红洋葱炸成的产品。

做法

将 **A** 的调味料全部搅拌混合,使用时再撒上洋葱酥作为配料。

保存方法与期限

使用时再制作,当次使用完毕。

用途

在越南,大多会用此酱淋于黄瓜、洋葱、番茄与莴苣这类基本的**生菜沙拉**中。特别推荐使用于以蔬菜为主的沙拉中,像是**黄瓜沙拉、洋葱**与**莴苣沙拉、香菜沙拉、简朴的叶类蔬菜沙拉**等。

由于未加一滴油,沙拉的味道十分清爽,因此佐于油炸料理再适合不过了。

撒上洋葱酥当配料可以增添层次感,也可以不加,滋味更加滑爽,美味度却不减。

(足立由美子/Maimai)

油醋酱加咖喱粉

希望吃出异国滋味时必备的酱汁

材料

A
- 咖喱粉…1.5g
- 香橙果酱…45g
- 油封蒜（p.110）…4 瓣
- 红酒醋…60ml
- 白酒醋…80ml
- 第戎芥末酱…90g
- 盐…3g

E.V. 橄榄油…200g

做法

1 将 A 放入调理钵中，用打蛋器搅拌混合，直到盐溶解为止。
2 一边将 E.V. 橄榄油逐次少量地加入 1 中，一边用打蛋器搅拌。

保存方法与期限

冷藏可保存 1 周。

这是一道添加了咖喱粉与柑橘酱的沙拉酱。
希望能于沙拉中增添异国风味时，
或是想突出层次感与甜味时，
使用这道酱汁准没错。

用途

加了古斯米或扁豆的沙拉，可以此方作为沙拉酱。

还有另一种用法：**菰米、五谷米、藜麦**等谷类与蔬菜，利用这种油醋酱来拌匀，佐于前菜料理上来增添味道的层次。

（绀野 真 /organ）

辛辣辣椒沙拉酱

圆润的辣味与酸味

材料

A
- 辣椒酱（Hot chili sauce）*…5ml
- 越南鱼露…15ml
- 大蒜（切成碎末）…1 小匙
- 柠檬汁…45ml

细砂糖…2 大匙
热水…15ml

 一种东南亚的辛辣酱汁，用红辣椒、大蒜、红洋葱等制作而成，可于泰国或越南食材专卖店购买得到。

做法

1 让细砂糖溶解于热水中。
2 将 1 与 A 搅拌混合。

保存方法与期限

冷藏可保存 3～4 天。

这是一道辣中有甜有酸的沙拉酱。
因为加了辣椒酱，因此会有点黏稠。
辣味圆润且温和，与清爽的食材特别契合。

用途

Maimai 是将这道沙拉酱运用于**莲梗沙拉**上。莲梗是使用从越南进口的瓶装产品，亦可改用**莲藕**，切成薄片后快速汆烫制成沙拉，再淋上此酱即可。搭配**虾**或**乌贼**等海鲜类是绝佳组合。也可用于**蒸鸡**或**水煮鸡沙拉、萝卜与蟹肉沙拉、芹菜沙拉**等。

（足立由美子 /Maimai）

辣味沙拉酱
专为辣味爱好者调制

运用东南亚的烹饪技巧,
将材料磨碎来制作的辣味相当强烈的沙拉酱,
释放出辣椒与香菜奔放的香气与滋味。

材料

A ┌ 红辣椒（新鲜的）…5 根
  │ 香菜茎或根（依喜好）…5g
  │ 大蒜…30g
  │ 青柠汁…50ml
  └ 细砂糖…4 大匙
越南鱼露…90ml

做法

1 将 A 放入调理钵或研磨钵中,用研磨棒磨碎。
2 将越南鱼露加入 1 中搅拌混合。

保存方法与期限
冷藏可保存 3～4 天。

用途

辣味强烈,因此与油腻的食材或带苦味的食材特别契合,搭配海鲜类也很合适。最适合作为**泰式粉丝沙律**（泰国的冬粉沙拉）的拌酱,或是作为**苦瓜虾仁沙拉、苦瓜五花肉沙拉、青木瓜沙拉、芹菜乌贼沙拉**的沙拉酱。与蒜油（p.72）混合使用也不错。

（足立由美子 /Maimai）

沙茶沙拉酱
带有辣味与清爽香气

沙茶酱是一种加了柠檬香茅、
大蒜与红辣椒的越南香油,
另外再添加柠檬等材料,即成一道沙拉酱。
可以品尝到清爽香气与辣味。

材料

沙茶酱（p.153）…10ml
辣椒酱（左页）…20ml
越南鱼露…15ml
细砂糖…1.5 小匙
柠檬汁…30ml

做法
将所有材料搅拌混合。

保存方法与期限
冷藏可保存 1～2 天。

用途

用**白肉鱼生鱼片**与**蔬菜或香草**（薄荷、红洋葱、小白菜苗等）混合而成的**沙拉**,即可用此酱作为拌酱。生鱼片的话,搭配**乌贼**、**章鱼**和**虾**都十分可口。此外,作为**白肉鱼、乌贼**与**软炸虾**的蘸酱是再适合不过了。搭配**炸章鱼腿**或**炸甜不辣**也很合适。

（足立由美子 /Maimai）

Part 2 蛋黄酱与蛋黄基底

利用蛋黄乳化制成的酱汁，以蛋黄酱为代表。
光是混合调味料或提味蔬菜，
即可做出各式各样的变化，这一特点格外值得期待。
除了以蛋黄酱为基底的酱汁外，
这个单元还介绍了用于各式蛋黄料理类型的酱汁。

蛋黄酱

使用香气迷人的醋，调制出高雅的滋味

材料
蛋黄…1颗
第戎芥末酱…15g
雪莉酒醋…10g
A* ⌈ 花生油…100g
   ⌊ E.V. 橄榄油…100g
盐…2小撮
白胡椒…适量

* 将 **A** 搅拌混合，并倒入口径较小的容器中备用。

保存方法与期限
冷藏可保存2周。

油必须逐次少量地加入，
打蛋器必须保持相同方向搅拌。
假如途中改变搅拌的方向，
或是停止搅拌，
会难以彻底乳化而容易油水分离。

用途
用法与**市售的蛋黄酱一样**，可运用于各式各样的料理中。
（荒井 升 /Restaurant Hommage）

做法

1 将蛋黄、第戎芥末酱与雪莉酒醋倒入调理钵中。

2 加入盐，并研磨白胡椒撒入。

3 用打蛋器搅打混合。

4 完全混合后，持续搅打并加入数滴 **A** 的油。一旦开始加入油，直到蛋黄酱完成为止，不可改变打蛋器的搅拌方向，亦不可停止搅拌。

5 待完全乳化后，继续以相同方向搅拌，再加入数滴油。依此法逐次少量地加入数滴油，耐心地重复添加。

6 完成混入约 1/3 左右的油量时的状态。开始逐渐变得微稠。

7 当混合完一半的油量后，稍微增加每次加入的油量。持续搅拌，让油如线般流淌下来。

8 待完全乳化后，仍持续搅拌，与 **7** 相同，再进一步加入少许的油。

9 **8** 加入的油完全乳化后的状态。再进一步耐心地重复此步骤。直到油完全用完为止。

10 全部的油都混合后的状态。为了做出这般滑顺的状态，彻底进行乳化是相当重要的。

塔塔酱

满满的馅料，口感十足

于自制蛋黄酱中，
混合大量的水煮蛋或洋葱等，
成为一道口感十足的塔塔酱。
酸豆的酸味增添了清爽滋味，
再加上腌黄瓜的爽脆口感，甚是美妙。

材料
蛋黄酱（p.26）…15g
水煮蛋（全熟，切成碎末）…1/2 颗
洋葱（切成碎末）…1/4 颗
酸豆（切成碎末）…5g
腌黄瓜（切成碎末）…20g
意大利荷兰芹叶（切成碎末）…适量

做法
将所有材料放入调理钵中，搅拌混合。

保存方法与期限
于当天使用完毕。

用途
最基本的用法是搭配**酥炸料理**或**三明治**等，不过也可运用于**前菜**或**开胃小菜**。
比如，将奶油烙鳕鱼酱（p.79）、塔塔酱与西班牙冷汤面层堆叠于小玻璃杯中，即可成为一道口感与色泽皆令人愉悦的开胃小菜。

（荒井 升/Restaurant Hommage）

干贝红葱头塔塔酱

摆上口感既香又清爽的配料

将炸得恰到好处的干贝与红葱头，
还有烤榛果，全摆于塔塔酱上。
可添加鲜味、层次、香气与酥酥脆脆的口感，
变化出愉悦的好滋味。

材料
塔塔酱（上记）…适量
配料…下列全部适量添加
　干燥干贝
　红葱头
　榛果
　油炸用油

做法
1 制作配料。
①干燥干贝于水中浸泡 1h 左右，泡软。轻轻搅散并吸干水分，再以 160℃的油炸用油炸 5～6min。
②将红葱头切成薄片，以 160℃的油炸用油炸至恰到好处。
③榛果放入 180℃的烤箱中烘烤 3～5min。
2 上菜时，将配料摆于塔塔酱的上方。

保存方法与期限
塔塔酱与干燥干贝须当天使用完毕。榛果冷藏可保存 1 周。

用途
于塔塔酱（上记）上摆上香喷喷的配料，令人印象为之一变。除了**可按照上记塔塔酱的方式来运用**，还可佐于**烤鸡**、**水煮鸡**与**香煎鱼**来品尝。

（荒井 升/Restaurant Hommage）

酥炸法式猪头肉冻佐干贝红葱头塔塔酱

（荒井 升 /Restaurant Hommage）

将法式猪头肉冻（Fromage De Tete）烹调成一口大小的油炸料理，再佐上与油炸料理以及猪头肉冻都很合拍的塔塔酱。
上方配料的酥酥脆脆、胶质的黏糊感、猪头肉的弹性造就口感的多变性，共同交织出愉悦的一道美馔。

材料 1人份

法式猪头肉冻…自下列分量中切下1块3.5cm见方的块状。

- 猪头…1头
- 洋葱（纵切成半）…1颗
- 红萝卜（纵切成半）…1根
- 芹菜（长度切半）…1根
- 红葱头（切成碎末）…1颗
- 蘑菇（切成碎末）…1kg
- 白酒…适量
- 颗粒芥末酱…120g
- 雪莉酒醋…50ml
- 盐…1小撮

干贝红葱头塔塔酱（左页）…适量
低筋面粉、蛋液、面包粉…各适量
橄榄油、油炸用油…各适量
盐、胡椒…各适量

做法

1 制作猪头肉冻。

① 将猪头去除骨头，用喷火枪烧去表面的毛，再用流水清洗干净。

② 将①放入锅中，加入盐与大量的水煮沸，撇除浮沫，加入洋葱、红萝卜与芹菜，盖上锅盖，以小火炖煮约90min，将猪头煮至软嫩为止。

③ 将②沥干，猪头与煮汁分开，蔬菜弃之不用。将猪头切成粗末。煮汁先过滤，再炖煮至100ml左右的量。

④ 于锅中加热橄榄油，以小火炒红葱头。炒软后，加入蘑菇，转中火。炒至水分收干后，加入白酒增添香气，再加盐与胡椒调味。

⑤ 将③的煮汁、猪头、颗粒芥末酱与雪莉酒醋加入④中，煮至沸腾。倒入模型中，待冷却后即可放入冰箱冷藏，使之冰镇定型。

2 将**1**切下3.5cm见方的块状，依序蘸裹低筋面粉、蛋液与面包粉，接着再依序蘸裹蛋液与面包粉。以160℃的油炸用油炸至酥脆，沥油。

3 将**2**盛盘，佐上干贝红葱头塔塔酱。

塔塔酱

使用市售的蛋黄酱,调制出稳定的好味道

因为使用市售品,
才能维持味道的稳定一致,同时也提高保存性。
利用棉布彻底榨挤出洋葱汁液,
可抑制辛辣味,还能提升口感。

材料

- 水煮蛋(全熟)…20颗
- 洋葱(切成碎末)…600g
- A
  - 蛋黄酱(丘比牌)…2kg
  - 酸豆(醋渍,切成粗末)…100g
  - 酸豆的浸渍醋液…少许
  - 青葱(切成葱花)…150g
  - 黑胡椒…少许
- 盐…适量

做法

1. 用切蛋器将水煮蛋切片,接着转90°角再切一次成条状。
2. 于洋葱上撒盐,静置20min左右。用棉布包裹,彻底拧绞出水分。
3. 将1、2与A放入调理钵中,充分搅拌混合。

保存方法与期限

冷藏可保存2周,冷冻可保存1个月。

用途

这道酱汁除了可用于**南蛮炸鸡**(如下方照片,做法→p.135),与**所有酥炸料理**都十分对味,像是**酥炸牡蛎**或**炸虾**等;作为**三明治**的酱汁也会很受喜爱。

(横山英树/(食)ましか)

南蛮炸鸡
(横山英树/(食)ましか)

大量淋于南蛮炸鸡上;做法→p.135

墨西哥辣椒塔塔酱

辣味塔塔酱

加了墨西哥辣椒的变化版塔塔酱，
清爽的辣味为其特征。
香菜用来增添色彩与香气。

材料
水煮蛋（全熟，切成碎末）…6颗
墨西哥辣椒（醋渍，切成碎末）…60g
蛋黄酱…500g
香菜（切成碎末）…20g
洋葱（切成碎末）…100g

做法
将所有材料放入调理钵中，搅拌混合。

保存方法与期限
冷藏可保存2～3天。

用途
这是一道变化版塔塔酱，用于佐**酥炸料理**、**软炸料理**、**炸鸡块**来食用。只要是**油炸料理**，无论是**蔬菜**、**肉**还是**鱼**，都很合适。亦可依个人喜好添加香料也不错。

（中村浩司/Hacienda del cielo）

蒜泥蛋黄酱

轻轻松松调制出蒜泥蛋黄酱的好滋味

这是一道加了蒜泥与青柠汁的蛋黄酱。
做法简单，却能带出蒜蛋黄酱风味。
添加青柠可呈现出亚洲风味，
若添加柠檬，酸味会更加立体，
呈现欧式风味。

材料
蛋黄酱…200g
大蒜（磨成泥）…1大瓣份
青柠汁…1/8颗份

做法
1 将大蒜加入蛋黄酱中搅拌混合。
2 将青柠汁加入1中轻轻拌匀。

保存方法与期限
冷藏可保存4～5天。

用途
这道酱汁与**软炸料理**是超级黄金组合，其中又以海鲜类中的**白肉鱼**、**乌贼**与**虾**，还有蔬菜中的**菜花**特别的契合。
用来佐**蔬菜棒**（甜椒、红萝卜与黄瓜等）也甚是可口。此外，佐**炸薯条**、**整颗土豆**（用烤的、蒸的或水煮）一起品尝，更是滋味无穷。
佐**白芦笋罐头**即可成为一道简易的下酒菜。若添加剁细的香菜或莳萝，别有一番滋味。

（足立由美子/Maimai）

咸蛋塔塔酱

利用中华食材，调制出浓郁有层次的风味

材料
咸蛋黄…5 颗
蛋…1 颗
棉籽油…200ml
A ┌ 榨菜（切成碎末）…20g
　├ 雪莉酒醋…15g
　└ 花椒…少许

做法
1. 将蛋与棉籽油放入调理钵中，利用手持式搅伴棒来搅拌，使之乳化。
2. 将咸蛋黄蒸 5min 后搅散。
3. 将 2 与 A 加入 1 中，搅拌混合。

保存方法与期限
冷藏可保存 3 天。

在塔塔酱中加入中国食材来变化。
发挥黏稠状咸蛋的浓醇，
以及榨菜熟成的咸味，
调制出具层次的变化版塔塔酱。

用途

此酱与**软炸料理**十分合适，因此可运用于"**软炸蛤蜊佐咸蛋塔塔酱**"（右页）。除了蛤蜊，我认为改成像**牡蛎**这种鲜味十足的贝类，或是**金目鲷**这类味道浓郁具层次的白肉鱼也不错。
（西冈英俊 /Renge equriosity）

红烧猪肉汉堡
（西冈英俊 /Renge equriosity）

用小圆面包将甜面酱汁（p.146）与咸蛋塔塔酱（上记）一同夹住红烧猪肉，制成中华风珍味手作汉堡（做法→p.147）。

软炸蛤蜊佐咸蛋塔塔酱

(西冈英俊 /Renge equriosity)

蛤蜊以软炸方式炸得清爽可口，将多汁的鲜味锁在面衣之中。浓郁有层次的塔塔酱，可凸显出蛤蜊的鲜甜。

材料 1人份

蛤蜊*…1颗
咸蛋塔塔酱（左页）…适量
软炸用面糊…自下列中取适量
　低筋面粉…100g
　干酵母…3g
　细砂糖…1g
　水…120ml
叶菜类嫩叶…适量
油炸用油…适量

* 使用以70～80℃加热，且进行真空包装的产品。

做法

1. 制作软炸用面糊。将低筋面粉、干酵母与细砂糖放入调理钵中混合，加入水。用打蛋器搅拌混合。以保鲜膜封起，放入冰箱冷藏半天，使之发酵。
2. 将蛤蜊肉从壳中取出，外壳要用来盛装成品，因此留下备用。用毛刷于蛤蜊肉上拍上一层低筋面粉（分量外），再蘸裹1。用180℃的油炸用油炸至酥脆，沥油。
3. 将叶菜类嫩叶铺于器皿上，将取下备用的蛤蜊壳置于其上。将2的油炸物放于壳上，再佐上咸蛋塔塔酱。

薄荷与自制番茄干塔塔酱
清爽的酸味与香气

薄荷的香气与番茄干的酸味，
两种风味各异的清爽滋味，
是为夏季打造的理想塔塔酱。

材料
- 水煮蛋…2 颗
- 洋葱（切成碎末）…1/2 颗
- 酸豆（切成碎末）…1 大匙
- A
  - 自制番茄干（p.197，切成碎末）…3 颗
  - 蛋黄酱…50g
  - 第戎芥末酱…1 小匙
  - 白酒醋…10ml
  - 胡椒…适量
- 薄荷…1 人份 2 片

做法
1. 用滤网将水煮蛋挤压成泥。
2. 用厨房纸巾包裹洋葱与酸豆，挤出水分。
3. 将 1、2 与 A 搅拌混合。上菜时，将薄荷切成细丝摆于其上。

保存方法与期限
冷藏可保存 3～4 天。

用途

用于"**酥炸扇贝与节瓜，佐薄荷与自制番茄干塔塔酱**"（下记）。搭配**白肉鱼的油炸料理**也很合适。我认为用这道酱汁来代替蛋黄酱，搭配**蔬菜棒**来品尝也不错。

（米山 有/ぽつらぽつら）

酥炸扇贝与节瓜
佐薄荷与自制番茄干塔塔酱
（米山 有/ぽつらぽつら）

将扇贝与节瓜切成薄片，两者间隔叠放裹粉炸酥脆。
配上添了薄荷与番茄清爽滋味的塔塔酱，
为容易显得油腻的油炸料理增添轻盈感。

材料 1 人份
- 扇贝贝柱…1 个
- 节瓜…适量
- 薄荷与自制番茄干塔塔酱（上记）…适量
- 低筋面粉、蛋液、面包粉…各适量
- 油炸用油…适量

做法
1. 将扇贝的贝柱切片，约 3 等分。
2. 将节瓜切成圆片状，与 1 切片的扇贝厚度一致，备好 2 片。
3. 用毛刷于 2 的两面刷上薄薄一层低筋面粉。将扇贝与节瓜间隔叠放，扇贝置于外侧。
4. 用毛刷将 3 刷上薄薄一层低筋面粉，蘸裹蛋液并蘸附面包粉。以 180℃的油炸用油炸至恰到好处后，沥干油分。
5. 将 4 盛盘，把薄荷与自制番茄干塔塔酱盛入器皿中，搭配享用。

柚子胡椒*蛋黄酱

于蛋黄酱中增添清爽的辣味与酸味

*为日本九州岛地方的调味料,使用柚子与青辣椒研磨调味而成。九州岛方言称辣椒为"胡椒"。

材料
柚子胡椒酱…10g
蛋黄酱*…120g
柠檬汁…5ml

*使用纯正蛋黄酱(顶好牌)。

做法
将所有材料搅拌混合。

保存方法与期限
冷藏可保存1~2天。

将柚子胡椒酱混入蛋黄酱中,
调制出一道清爽的辣味蛋黄酱。
增加了柠檬汁爽口的酸味,
由此孕育出一股充满风情的异国风味。

用途

制作**三明治**时,可用这道酱汁来取代奶油或人造奶油。与煎得**酥酥脆脆的肉片**(鸡肉或盐渍猪肉等)搭配相当合适。用来当**油炸料理**的蘸酱也很赞,像是**炸薯条、炸鱼薯条、软炸乌贼、炸鸡块**或**炸章鱼腿**等,是绝佳组合!
(足立由美子/Maimai)

酥脆香煎鸡腿肉越式法国面包

(足立由美子/Maimai)

越式法国面包是一种越南的三明治。
先将煎炸鸡肉沾满以越南鱼露为基底的调味酱,
再与醋拌生鱼丝一同夹入法国面包即成。
柚子胡椒蛋黄酱圆润的鲜味与清爽的辣味,与酥脆的鸡肉十分搭配。

材料 2人份
法国面包(16~20cm)*…2条
鸡腿肉…1片(约250g)
柚子胡椒蛋黄酱(上记)…2大匙
越南鱼露酱(p.158)…适量
醋拌生鱼丝……自下列分量中取适量
  白萝卜…250g
  红萝卜…80g
  盐…1小撮
  甘醋
    米醋…50ml
    细砂糖…3大匙
    水…30ml

人造奶油…2大匙
红辣椒(新鲜的,切成适口大小)…适量
香菜…适量
美极鲜味露…适量
黑胡椒…适量
色拉油…适量

*挑选外皮薄脆,内层松绵的法国面包为佳,传统的法式面包都很适合,假如使用特制巴黎长棍面包,1条为2人份。

做法

1. 制作醋拌生鱼丝。
   ① 将甘醋的材料放入锅中，置于火上加热，当细砂糖溶解后再离火冷却。
   ② 将白萝卜与红萝卜削皮。切成长4～5cm的长条状，涂抹盐后静置约5min。
   ③ 挤干②的水分。于①的甘醋中浸渍30～40min，沥干水分备用。
2. 于平底锅中倒入色拉油，至1cm左右的高度，油热后慢慢煎炸鸡腿肉，煎热两面后，沥干油分。
3. 趁热将 **2** 放入越南鱼露酱中，快速蘸裹后立即取出，纵切成半。
4. 法式面包放入180℃的烤箱中加热5～6min。
5. 将 **4** 水平切出切口，于切口的上下两面涂抹人造奶油，内夹 **3** 的鸡腿肉，将柚子胡椒蛋黄酱与醋拌生鱼丝依序摆于肉块上。撒黑胡椒，摆上红辣椒与香菜，再淋上美极鲜味露。

土豆鲔鱼蛋黄酱

热量有点高，但是令人怀念的味道

材料
土豆片…200g
鲔鱼（罐头）…185g
蛋黄酱（丘比牌）…100g

做法
1 将鲔鱼与蛋黄酱搅拌混合。
2 将土豆片加入搅拌混合，压碎到恰到好处。

保存方法与期限
冷藏可保存2天，不过刚做好的更美味。

这是一道做法极为简单的酱汁，
刚炸好的土豆片
仍保有酥脆的口感，非常美味。
除了微咸的口味，也可使用
各种不同口味的土豆片来做变化。

用途

这是小的时候母亲为我制作的一道料理，充满回忆的味道。
作为**三明治**的夹馅最为合适。
做法虽然简单，但是**直接品尝**就很美味，搭配叶类蔬菜就成了一道**鲔鱼蛋黄酱沙拉**，亦可与水煮土豆混在一起制作成**可乐饼**。

（横山英树/（食）ましか）

鲔鱼蛋黄酱三明治
（横山英树/（食）ましか）

利用加了土豆片的鲔鱼蛋黄酱（上记）
来制作三明治。
土豆片经过一段时间后，会变得湿润而更美味。
可依喜好添加莴苣，让口感多一点变化。

做法 1人份
1 切除白吐司（2片）边，于其中一面
   涂抹黄油与黄芥末泥。
2 用1夹土豆鲔鱼蛋黄酱（上记，
   100g）。

意式鲔鱼酱（鲔鱼酱汁）
意大利的滑顺鲔鱼酱汁

鲔鱼蛋黄酱是意大利北部
皮埃蒙特州的传统酱汁。
滑顺的糊状酱料
搭配肉类来享用是最基本的用法。
加入酸豆的酸味、鳀鱼的鲜味与咸味，
由此带出味道的层次感。

材料
鲔鱼（罐头）…260g
酸豆…10g
鳀鱼…10g
白酒醋…30g
蛋黄酱…170g

* 蛋黄酱的做法：蛋1颗、蛋黄2个、色拉油400ml、盐4g与白酒醋30g，放入调理钵中，用手持式搅拌棒搅拌混合。

做法
将所有材料放入调理钵中，用手持式搅拌棒搅打至滑顺为止。

保存方法与期限
冷藏可保存3天。

用途

在意大利皮埃蒙特州，
有一道使用此酱淋于**水煮小牛肉**的传统料理。
在意大利，除了肉类以外，我只看过淋于**水煮蛋**的吃法，
不过我认为不妨把这道酱汁视作鲔鱼蛋黄酱来运用，与**猪肉（煮的或烤的）**也很搭配。

（冈野裕太 /IL TEATRINO DA SALONE）

越南鱼露蛋黄酱
与油炸料理十分搭配的亚洲风味蛋黄酱

将越南鱼露拌入蛋黄酱中，
调制出亚洲风味的蘸酱。
蛋黄酱的浓醇口味，
再加上越南鱼露的咸味与鲜味，
调出与油炸料理成为绝配的好滋味。

材料
越南鱼露…1/4小匙
蛋黄酱 *…60g
香菜（剁碎）…适量

* 使用纯正蛋黄酱（顶好牌）。

做法
将所有材料搅拌混合。

保存方法与期限
冷藏可保存2～3天。

用途

与**油炸料理**十分搭配。**炸薯条、鸡肉、小竹夹鱼、西太公鱼等小鱼**，或是**章鱼腿**等，都适合与越南鱼露蛋黄酱一起享用。
为了增添色彩与香气而混合了香菜，请依喜好来调整。

（足立由美子 /Maimai）

金华火腿卡士达奶油酱

发挥火腿鲜味的咸味奶油

这是一道发挥了金华火腿鲜味的咸味卡士达奶油酱。
由于未加入鲜奶油来调制，因此可品味出鸡蛋浓郁的层次。

材料

金华火腿清汤…自下列分量中取 100ml
 金华火腿…600g
 日本酒…540ml
 A 长葱（切成5cm的长度）…4 段
  生姜（块状）…60g
  水…6L
  鸡胸绞肉…1.5kg
  长葱（切成碎末）…1 根
  生姜（切成碎末）…50g
  番茄…1 颗
蛋黄…1 颗
蛋…1 颗
低筋面粉…3g
太白粉…3g
黄油…50g
金华火腿（切成碎末）…3g

做法

1 制作金华火腿清汤。
① 将金华火腿浸泡于日本酒中，静置 1h。
② 将①与 A 放入锅中，放入 100℃的烹饪蒸烤箱中加热 4h。过滤后静置 1 天。
③ 将汤汁过滤。

2 将蛋黄与鸡蛋倒入另一个锅中，用打蛋器搅拌混合，再加入低筋面粉与太白粉，接着一边将煮沸的金华火腿清汤逐次少量地加入，一边用橡胶锅铲慢慢地搅拌混合。

3 以中小火加热 2，边加热边用木锅铲搅拌混合。煮至沸腾冒泡，待鸡蛋与面粉都彻底煮熟后即可离火。

4 趁 3 仍热腾腾之际，依序将黄油及金华火腿加入搅拌混合。

保存方法与期限

冷藏可保存 2 天。

用途

将此酱与**水果**（无花果等）一起夹入烤好的派皮里，设计成**甜点外形的前菜**，由此带来意外小惊喜。可运用来作为**炸春卷的内馅**、佐薄脆饼干或是烤得酥酥脆脆的法式长棍面包等来享用，又或者**直接品尝**都不错。

（西冈英俊 /Renge equriosity）

生姜拌茴香酒慕斯酱

充满异国风味的清爽滋味

材料
- 生姜（切成薄片）…4 片
- 茴香酒…30～40ml
- 蜂蜜…5ml
- 蛋黄…2 颗
- 融化黄油…20g
- 柠檬汁…15ml
- 鲜奶油（乳脂成分38%）…60ml
- A ┌ 莳萝叶（剁碎）…1 根
- 　├ 龙蒿叶（剁碎）…1/2 根
- 　└ 细叶香芹（剁碎）…1/2 根
- 水…60ml
- 盐…适量

保存方法与期限

此酱的气泡过一段时间就会消失，因此若是要添加于热食料理，请于使用时再制作，并于当次使用完毕。若有剩余，则冰镇后可用来作为沙拉或腌渍食品这类冷食料理的拌酱，隔天仍可食用（p.43）。

将红葱头改成生姜，白酒换成茴香酒，调制出这道慕斯酱。
呈现出既带异国风味又清爽的好滋味。

用途

芦笋的固定搭挡为荷兰酱，不过我店里供应的"**炙烤扇贝与芦笋佐生姜拌茴香酒慕斯酱**"（p.42），则是改用这道酱汁来取代。**虾**、**扇贝**等海鲜类，或是**西蓝花**、**四季豆**与**蚕豆**等绿色蔬菜与这道酱汁都很契合，若有剩余，则可仿效"**酪梨虾佐生姜拌茴香酒慕斯塔塔酱**"（p.43）的做法，冰镇后与蔬菜或海鲜类拌匀，用于腌渍品或冷前菜。

（绀野 真/organ）

做法

1 将姜片与茴香酒放入锅中，以小火炖煮至水分收干，表面呈现光泽为止。

2 加水来稀释煮后的汁液。加蜂蜜与盐，姜片取出不用。

3 隔水加热 2 的锅子，接着将蛋黄加入。

4 用打蛋器快速搅打。

5 搅打至如照片般颜色偏白、呈现浓稠状，拉起尖角挺立不下垂的状态，即可停止加热，将融化黄油与柠檬汁加入搅拌混合。

6 将鲜奶油完全打发后，加入5中。

7 用打蛋器搅拌混合，同时注意避免挤破气泡。将**A**加入拌匀，加盐调味。

炙烤扇贝与芦笋佐生姜拌茴香酒慕斯酱
（绀野 真 /organ）

刚烫好的芦笋与烤扇贝，
佐上加了生姜、茴香酒与香草的慕斯酱。
与固定用来搭配芦笋料理的荷兰酱相比，
此酱的滋味别具一格，成为一道给人崭新印象的佳肴。

做法 1人分

1. 用喷火枪快速炙烤扇贝贝柱（1个）的表面，轻轻撒上 E.V. 橄榄油与盐。
2. 剥除绿芦笋（1根）根部较硬的皮。将提味蔬菜与水倒入锅中煮沸，煮熟芦笋。
3. 将生姜拌茴香酒慕斯酱（p.41 适量）倒入盘中，把1与2盛盘。佐上帕玛森奶酪法式酥饼（p.198）。

酪梨虾
佐生姜拌茴香酒慕斯塔塔酱
（绀野 真 /organ）

使用冰镇好的慕斯酱，
拌匀酪梨与虾子生鱼片，
制作成冷盘前菜。

材料 1人份

酪梨…1/2 颗
生姜拌茴香酒慕斯酱（p.41）…15ml

A
┌ 须赤虾（切成1.5cm见方的丁状）
│ …1尾
│ 番茄（切成1cm见方的丁状）…1/2
│ 颗
│ 苹果（切成5mm见方的丁状）…少
└ 许

香草…各适量
  细叶香芹
  金莲花
  莳萝
盐…适量

做法

1. 生姜拌茴香酒慕斯酱放入冰箱冷藏，冰镇备用。
2. 挖除酪梨的果核。进一步刨挖果核凹洞的周围，将挖下的果肉切成丁状。
3. 将 2 切成丁状的果肉与 A 混合，再用 1 拌匀。加盐调味。
4. 将 2 的酪梨削皮后，把 3 摆入凹洞中，并以香草缀饰。

蒜泥酱

于南法孕育而生的大蒜酱汁

材料
- A
  - 蛋黄…1颗
  - 大蒜泥＊…40g
  - 第戎芥末酱…5g
- 白酒醋…10g
- 番红花…2小撮
- E.V. 橄榄油…200g

＊大蒜泥的做法：大蒜先用水烫过并滤干，重复2次，再以牛奶煮至软嫩为止。用滤勺过滤，液体舍弃不用，将大蒜压碎成泥状。

做法

1. 将白酒醋与番红花放入锅中，于避光处静置约30min，直到白酒醋呈黄色为止。
2. 将A放入调理钵中，用打蛋器搅拌至整体变为白色为止。
3. 将1加入2中搅拌混合。此时将E.V.橄榄油逐次少量地加入，并以打蛋器搅拌混合。E.V.橄榄油的添加与搅拌方式请参照蛋黄酱（p.26）的步骤4～10。

保存方法与期限
冷藏可保存3天。

这是将柠檬汁或醋等加入大蒜、蛋黄与橄榄油的混合物中，搅拌乳化而成的酱汁。使用事先氽烫好的大蒜，制成香气柔和的酱汁。

用途

佐于**马赛鱼汤**或**法式鱼汤**一起享用是最基本的用法；用来当**水煮蔬菜**、**鱼肉**、**鸡肉**等的蘸酱也不错。
此外，搭配**冷制烤牛肉**也很合适。

（荒井 升/Restaurant Hommage）

酱汁&蘸酱 Collection 1 — 辣味酱汁 篇

- 使用干燥辣椒：辣油（p.70）、食用辣油（p.71）
- 哈里萨辣酱（p.128）
- 使用新鲜的青辣椒：辛辣辣椒沙拉（p.24）
- 使用辣椒酱
- 使用新鲜的红辣椒：沙茶酱（p.153）、越式酸甜辣酱（p.152）
- 使用豆瓣酱：四川调味酱（p.154）、辣味芝麻调味酱（p.162）
- 辣味沙拉酱（p.25）、沙茶沙拉酱（p.25）

蒜泥慕斯泡沫酱

发挥大蒜风味的泡沫状蒜泥

材料

A
- 蛋黄…2颗
- 蛋…1颗
- 大蒜（磨成泥）…10g
- 白酒醋…10g
- 泡沫*…44g

鲜奶油（乳脂成分38%）…250g
E.V. 橄榄油…150g
盐…6g

* 利用奶油发泡器将液体或泥状物打成泡沫状时，所添加的粉末增稠材料。

做法

1. 将 **A** 放入调理钵中，用手持式搅拌棒搅打。
2. 将鲜奶油、E.V. 橄榄油与盐加入 1 中，进一步搅打至乳化，再倒入奶油发泡器中。
3. 上菜前一刻，充分摇晃发泡器，接着将瓶身倒置，拉把手挤出泡沫状酱汁。

保存方法与期限

本酱应在使用时才制作，尽快使用完毕。为了供应午餐而制作的酱汁请于营业时间内使用完毕，不要留到晚餐时间。为了供应晚餐而制作的话，则于当天使用完毕。

"ESPUMA"在西班牙语中是"泡沫"之意。这道酱汁是将蒜泥制成绵密的泡沫状。含一口在嘴里时，新鲜大蒜释放出的辛辣香气与滋味将会一下扩散开来。

用途

用法与蒜泥酱相同，可佐**马赛鱼汤**来享用。取代荷兰酱，淋于**氽烫芦笋**上，即成为一道令人眼前一亮的佳肴。
搭配**煎烤鸡肉**，或是**鱼肉（氽烫、煎烤或清炸皆可）**来品尝也不错。

（荒井 升/Restaurant Hommage）

 使用柚子胡椒酱

  使用墨西哥辣椒、烟熏墨西哥辣椒

- 新鲜山葵奶油起司酱（p.52）

使用山葵

- 柚子胡椒蛋黄酱（p.36）

- 柚子胡椒白萝卜果醋酱（p.122）

- 墨西哥莎莎酱（p.99）

- 水果墨西哥莎莎酱（p.99）

使用生姜

使用辣根

- 辣根酱（p.128）

- 子姜*冰沙（p.125）

- 生姜酱（p.68）

- 墨西哥鲜酱（p.100）

- 墨西哥辣椒塔塔酱（p.31）

- 烟熏墨西哥辣椒鲜酱（p.100）

* 指采收后未经储藏而立即贩卖的嫩姜，水分多而口感清脆，辛辣味较为温和。

蛋黄醋塔塔酱

于蛋黄醋里添加绿榨菜，变化成一道塔塔酱

于蛋中加醋制成蛋黄醋，
再添加剁碎的轻渍绿榨菜来取代腌渍物，
调制成一道和风塔塔酱。

材料

A ┌ 蛋黄…3颗
　├ 蛋…1颗
　├ 米醋…90ml
　└ 砂糖…1.5大匙
绿榨菜（轻渍）…100g

做法

1 将 A 的材料全部混合，隔水加热。一边用木锅铲搅拌，一边以中火温和地加热。加热5min左右，当材料开始变得黏稠后即可离火。

2 将绿榨菜切成碎末，加入 1 中搅拌混合。

保存方法与期限

冷藏可保存1周。

用途

这道酱汁配上**酥炸海鲜类料理**或**炸鸡块**十分契合，不过与炸天妇罗不搭。
这里是使用绿榨菜，不过若改与柴渍[*1]、青葱或炒洋葱等来搅拌混合，亦可调制出别有风味的塔塔酱。

（中山幸三／幸せ三昧）

[*1]：日式腌渍物，将茄子、青瓜等食材切丝，再以红紫苏叶腌制成的紫色腌渍物。

酥炸竹荚鱼佐蛋黄醋塔塔酱

（中山幸三／幸せ三昧）

在竹荚鱼表面仔细抹上面包粉，裹成薄薄一层面衣，
轻炸而成的酥炸竹荚鱼，佐上用蛋黄醋制成的塔塔酱来享用。
蛋黄醋的滋味清爽无比，犹如不含油分的蛋黄酱。
可让酥炸料理吃起来更加轻盈无负担。

材料 1人份

竹荚鱼…1/2尾
绿芦笋…2/3根
蛋黄醋塔塔酱（上记）…2大匙
低筋面粉、蛋液、干燥面包粉*…各适量
盐、油炸用油…各适量

* 干燥面包粉磨碎成细粉状备用。

做法

1 以三片刀法[*2]切剖竹荚鱼，抹上薄薄一层盐，置于冰箱里冷藏1h，使盐入味。1人份使用半片鱼块。

2 剥除绿芦笋根部较硬的皮，切成3等份。1人份使用2等份。

3 于竹荚鱼上涂抹低筋面粉，蘸裹蛋液，拍上干燥面包粉，再放入170℃的油炸用油中炸3min左右，沥干油分。

4 芦笋也同样拍上面衣，一样用油炸2min左右，沥干油分。

5 将芦笋与竹荚鱼重叠摆盘，中间夹蛋黄醋塔塔酱，成品上也淋上蛋黄醋塔塔酱。

[*2]：从鱼背处下刀，刀背贴中间划开，切割下左右两片肉及中间一片鱼骨，共三片。

芒果蛋黄醋酱
奢华的芒果香气与甜味

材料
芒果果肉…90g
柠檬汁…5ml
A [蛋黄…5颗
　　砂糖…5g
　　苹果醋…25ml
　　淡口酱油…5ml]

做法
1. 为了定色，于芒果果肉上滴柠檬汁后，再用滤网筛挤压成泥。
2. 将1与A放入锅中搅拌混合，以中火加热，边用木锅铲搅拌边慢慢加热。煮到用木锅铲轻刮锅面会留下刮痕的稠度时，即可离火过滤。

保存方法与期限
冷藏可保存2天。

这道蛋黄醋酱中，
添加了过滤并压成泥状的芒果。
增添了芒果香气与甜味，
适应了华丽的好滋味。

用途
可用来当**生肉薄片**的酱汁；
鲍鱼等贝类与蔬菜的凉拌料理，以此酱作为拌酱也不错。

（米山 有／ぽつらぽつら）

酱汁&蘸酱 Collection 2

三明治酱汁 篇

建议用于帕尼尼意式三明治！

● 古冈佐拉奶酪乳霜酱（p.50）
利用鲜奶油来稀释，作为帕尼尼意式三明治（火腿芝麻菜）的酱汁。

● 春胡桃坚果酱（p.164）
于胡桃中添加牛奶与奶酪，并发挥大蒜风味的酱汁。

● 荷兰芹青酱（p.64）
添加了鳀鱼与酸豆的意大利荷兰芹酱。

● 土豆鲔鱼蛋黄酱（p.38）
加了土豆片，热量偏高，却是令人怀念的好滋味。

搭配任何面包都OK！

搭配汉堡、热狗恰恰好！

● 洋葱香草酱（p.105）
将香草与墨西哥辣椒加入切成碎末的洋葱中，是一道清爽的酱汁。

善用于方形吐司三明治、长棍面包三明治或汉堡！

● 柚子胡椒蛋黄酱（p.36）
具有柠檬味，是一道清爽的辣味蛋黄酱。

● 塔塔酱（p.28）
利用酸豆、腌黄瓜与意大利荷兰芹，造就滋味丰富的酱汁。

● 塔塔酱（p.30）
使用市售的蛋黄酱，加入青葱，调制出平易近人的好滋味。

● 咸蛋塔塔酱（p.32）
这是一道变化版塔塔酱，添加了榨菜与咸蛋。

Part 3
奶酪、奶油与牛奶

无论是调制酱汁还是蘸酱，乳制品都是很好运用的素材。
这个单元收录的食谱将乳制品的潜力发挥得淋漓尽致，
像是使用了各式奶酪的酱汁＆蘸酱、
加了奶油或牛奶的基础酱汁，
还有充满个性的变化酱汁等。

白奶酪塔塔酱
以清爽的新鲜奶酪为基底

将蛋黄酱替换成白奶酪，
调制出一道变化版的塔塔酱。
清爽的白奶酪中
添加大量的香草、番茄与颗粒芥末酱，
调制出风味丰富的好滋味。

材料

A ｛
- 白奶酪＊…100g
- 颗粒芥末酱…10g
- 红葱头（切成碎末）…6g
- 番茄（切成粗末）…8g
- 龙蒿（切成碎末）…2g
- 细香葱（切成碎末）…1g
｝

盐、胡椒…各适量

＊呈奶油状的新鲜奶酪，带有温和的酸味。

做法

将 **A** 放入调理钵中搅拌混合，加盐与胡椒来调味。

保存方法与期限

冷藏可保存 2 天，不过因为番茄会出水，宜尽快使用完毕为佳。

用途

直接食用也很美味，因此不妨配上**面包**制成**开胃小品**。因为是带有酸味的蘸酱，所以也可以搭配较为油腻的料理。如果要搭配**蔬菜**、**酥炸料理**、**法式甜甜圈**、**软炸料理**这类裹了面衣的油炸料理也非常合适，尤其与**节瓜**更是绝配。佐**烤鸡**来品尝也 OK。

（荒井 升 /Restaurant Hommage）

古冈佐拉奶酪慕斯酱

恰到好处的特殊滋味，令人红酒一杯接着一杯

将打发的鲜奶油与古冈佐拉奶酪混合，
搅拌成松松软软的慕斯状。
青霉菌奶酪的特殊强烈滋味也会因此变得圆润，
成为一道与红酒相当对味的蘸酱。

材料
古冈佐拉奶酪…150g
鲜奶油…50g+150g
吉利丁片…4g

做法
1 将古冈佐拉奶酪与50g的鲜奶油放入锅中，以小火加热。古冈佐拉奶酪煮溶后，将用水泡软的吉利丁片加入，待吉利丁溶解后即可离火放冷。
2 将150g的鲜奶油打发至7分的程度（捞起会流淌而下，成线状的状态），分2~3次加入1中。

保存方法与期限
冷藏可保存1周。

用途

我店里供应的是与油封红洋葱（p.104）一同搭配**长棍面包**（右页）。

（米山 有 / ぽつらぽつら）

古冈佐拉奶酪乳霜酱

品尝那股特殊的风味

这道酱汁直接而完整地展现出
古冈佐拉奶酪的特殊滋味。
调制得较浓稠，
可利用肉汤或鲜奶油来稀释，
并可运用于多种料理当中。

材料
古冈佐拉奶酪（辣味）…200g
红葱头（切成薄片）…40g
鲜奶油…300g
大蒜…1瓣
橄榄油…适量

做法
1 于锅中加热橄榄油，将大蒜加入加热直至散发出香气。
2 将大蒜从1的锅中取出，放入红葱头拌炒。
3 当红葱头炒出透明感后，加入鲜奶油，炖煮至呈浓稠状为止。
4 将古冈佐拉奶酪切成小块状，加入锅中溶解。将材料取出放入搅拌机中，搅打至滑顺为止。

保存方法与期限
冷冻可保存约1个月。

用途

直接涂抹于面包来吃也很美味。利用肉汤稀释，可作为**意大利面酱**；利用鲜奶油稀释，可作为帕尼尼意式三明治（火腿芝麻菜）的**三明治酱汁**；又或者拌入打发的鲜奶油，调制成**慕斯状**也不错。

（冈野裕太 /IL TEATRINO DA SALONE）

古冈佐拉奶酪慕斯酱与油封红洋葱

（米山 有 / ぽつらぽつら）

圆润的青霉菌奶酪慕斯，
结合鲜甜又黏稠的油封红洋葱，
再配上长棍面包。
这是一道令手中红酒杯停不下来的佳肴。

做法 1人份

1. 将长棍面包（适量）切成薄片并切半，放入100℃的烤箱中烤至酥酥脆脆。
2. 将古冈佐拉奶酪慕斯酱（左页，3大匙盛于器皿中，撒上磨碎的胡桃与黑胡椒。
3. 将 2 盛盘，佐上油封红洋葱（p.104，1.5大匙）与 1。

新鲜山葵奶油起司酱
切成碎末的山葵，清爽的辣味丰富了层次

材料
新鲜山葵（切成碎末）…30g
奶油起司…100g

做法
将新鲜山葵与奶油起司搅拌混合。

保存方法与期限
冷藏可保存1周。

奶油起司与山葵是常见的组合，
关键在于混合切成碎末的新鲜山葵。
清脆多汁的口感与清爽的辣味，
给人焕然一新的印象。

用途
这道酱的重点在于使用剁碎的新鲜山葵。
无论是配**面包**直接品尝，
或是搭配**蔬菜棒**都很不错。
（米山 有 / ぽつらぽつら）

酒粕与白味噌蓝霉奶酪酱
滋味温润却不失深度

材料
酒粕…30g
白味噌…50g
蓝霉奶酪…100g
鲜奶油…50ml

做法
将所有材料搅拌混合，再用滤网筛挤压泥。

保存方法与期限
冷藏可保存1周。

这道蘸酱结合了3种风味圆润的食材。
酒粕的甜味，白味噌的鲜味与咸味，
再配合蓝霉奶酪独有的特殊滋味，
调制出温润有深度的好味道。

用途
我店里供应的，是将此酱涂抹于**香煎猪肉**上，
再用喷火枪炙烤，使表面呈焦褐色而香气十足。
（米山 有 / ぽつらぽつら）

帕玛森奶酪酱

为了发挥奶酪风味,仅添加鲜奶油来调制

材料
帕玛森奶酪(磨碎)…60g
鲜奶油…200ml
盐…适量

做法
于锅中放入鲜奶油,以小火加热,将帕玛森奶酪加入融化。加盐调味。

保存方法与期限
冷藏可保存3~4天。

于帕玛森奶酪中添加鲜奶油调制成酱汁。
将食材范围缩减至极致,
即可明显感受到奶酪馥郁的味道与香气。

用途

鸡胸肉或**土豆**,与这道酱料搭配不会错。
此外,将莳萝剁碎后加入,
即可成为一道与**虾**十分对味的酱汁。

(绀野 真 /organ)

拉古萨奶酪酱

利用大量的奶酪,充分感受其鲜味

材料
拉古萨奶酪*(磨碎)…125g
牛奶…250ml
蛋黄…1颗
黄油…30g

* 意大利西西里岛产的一种硬质奶酪,近似帕玛森奶酪,但具有更加温润的风味。

做法
1 将牛奶隔水加热,加热至80℃左右。
2 将拉古萨奶酪加入1中,搅拌熬煮10min左右。
3 当拉古萨奶酪融化并变得滑顺后,依序加入蛋黄与黄油,搅拌混合至滑顺为止。

保存方法与期限
冷藏可保存2~3天。

利用西西里产的硬质奶酪、
牛奶与蛋黄调制而成的酱汁。
刻意不加奶油,带出轻盈感,
另一方面使用大量的奶酪,
可充分感受其鲜味,达到绝妙的平衡。

用途

这道酱汁多与**番茄酱**一起使用,在西西里,都是使用这道酱汁与番茄酱一起淋上 **Sformato**(将剁碎的茄子与磨碎的奶酪等搅拌进蛋液中,蒸煮而成的料理)。
若要搭配蔬菜,可选用**菜花**或**西蓝花**;若要搭配肉类,此酱与**小羔羊炖肉**的味道也相当契合。

(永岛义国 /SALONE 2007)

Part 3 奶酪、奶油与牛奶

奶酪锅

冰镇凝固后的状态，或是加热成液体的状态，可以灵活使用

于帕达诺奶酪中
增添鲜奶油、牛奶与黄油的浓郁，
是一道滋味丰富的酱汁。
冰镇后会凝固，可以该状态来运用，
若要煮融来运用，请以隔水加热。
若以直火加热，奶酪会变硬，请特别留意。

材料
帕达诺奶酪＊（磨碎）…200g
鲜奶油…200g
牛奶…100ml
黄油…150g
盐…2g

＊意大利伦巴底州的硬质奶酪。

做法
1 将鲜奶油与牛奶倒入锅中加热，炖煮至剩 2/3 左右的量。
2 将黄油加入搅拌混合，煮至融化。
3 加入帕达诺奶酪，转小火，边加热边充分搅拌混合。
4 加盐调味，用手持式搅拌棒搅打至滑顺状态。

保存方法与期限
冷藏可保存 1 周，冷冻可保存 4 周。

用途

隔水加热而呈黏糊状的酱汁，
可佐**生牛肉薄片**或**炙烧生鱼片**来享用。
若混合鲜奶油来稀释，即成一道奶酪酱，
可用来充当**凯萨沙拉**的沙拉酱。
以冷却后的凝固状态来品尝也很美味，不妨佐**番茄**来供应。

（横山英树／(食)ましか）

冷式奶酪锅

白霉菌与青霉菌，混合 2 种奶酪调制出双重的好滋味

这是一道混合了蓝霉奶酪与白霉奶酪的奶酪蘸酱。
蓝霉奶酪可选用古冈佐拉奶酪或罗克福奶酪；
白霉奶酪可用布利奶酪或卡门贝尔奶酪等，
依个人喜好来选用即可。

材料
蓝霉奶酪…50g
白霉奶酪…50g
鲜奶油…50ml

做法
1 将切成适当大小的蓝霉奶酪与白霉奶酪放入锅中，以小火加热煮至融化。
2 将 1 用滤网筛挤过滤后，静置冷却。
3 将鲜奶油加入 2 中，搅拌混合至滑顺为止。

保存方法与期限
冷藏可保存 1 周。

用途

我店里是以**冷制奶酪锅**
佐上**长棍面包**或**蔬菜棒**的组合来供应。
（米山 有／ぽつらぽつら）

意式玉米粥用酱

于热腾腾的意式玉米粥淋上 2 种酱汁作为前菜

丽可塔奶酪酱

意式粗玉米粉的焦化黄油酱

"Toe in braid" 是一种前菜,
于热腾腾的意式玉米粥上淋 "丽可塔奶酪酱"
与 "意式粗玉米粉的焦化奶油酱"。
一般对意式玉米粥比较强烈的印象是:
用来当主菜的配菜。
不过只要运用这道酱汁,
便会成为一道朴实却存在感十足的料理。

材料

丽可塔奶酪酱
- 丽可塔奶酪…125g
- 羊乳奶酪 (caprino) *…125g
- 牛奶…100ml

意式粗玉米粉的焦化奶油酱
- 黄油…100g
- 意式粗玉米粉…50g

* 意大利的羊乳奶酪。若没有,可用丽可塔奶酪代替。

做法

1. 制作丽可塔奶酪酱。将材料放入锅中隔水加热,边加热边搅拌混合 10 ~ 15min。煮至比贝夏媚酱稍微稀一点的稠度,即可停止隔水加热。

2. 制作意式粗玉米粉的焦化奶油酱。将粗玉米粉放入 100℃的烤箱中烘烤 2h,使之干燥。于平底锅中放入黄油,边摇晃锅子边加热。飘出恰到好处的馥郁香气后,加入粗玉米粉,随后离火。

保存方法与期限

丽可塔奶酪酱,冷藏可保存 3 天;
意式粗玉米粉的焦化黄油酱,冷藏可保存 5 ~ 6 天。

用途

意大利的弗留利 – 威尼斯朱利亚大区,有种称为 **"意式玉米粥 (Toe in braid)"** 的地方料理,而此酱即是为它而生。
于**意式玉米粥**上淋 2 酱汁的吃法是最基本的吃法,不过也有些店家会于意式玉米粥上摆 **"Ricotta Affumicata"**(一种熏制丽可塔奶酪)。此外,也可于意式玉米粥上摆**意式香肠**,再淋上 2 种酱汁作为主菜。

(永岛义国 /SALONE 2007)

"意式玉米粥" 的做法

1. 制作意式玉米粥。
   ① 于锅中分别放入与意式粗玉米粉相同分量的水与牛奶,煮至沸腾。
   ② 将粗玉米粉与黄油(分量为粗玉米粉的 1/10)加入,边加热边搅拌熬煮 30 ~ 40min。弗留利 – 威尼斯朱利亚大区是以此方式制作意式玉米粥,邻近的威尼托大区则只加水,也有些做法是加入橄榄油来取代黄油。

2. 将热腾腾的意式玉米粥盛于器皿中,再淋上加热好的丽可塔奶酪酱与意式粗玉米粉的焦化黄油酱。

贝夏媚酱

充分加热面粉与牛奶

为了做成白色的酱汁，火候要维持在小火状态。
花时间慢慢地煮，让面粉与牛奶都充分受热。
这么做可以提高成品保存性，风味也会提升。

材料
牛奶…500ml
低筋面粉…35g
黄油…35g
月桂叶（新鲜的）…1 片

保存方法与期限
冷藏可保存 1 周，然而风味容易变差，或是沾附其他味道，因此使用现做的风味最佳。

用途

添加**巴斯克猪意式腊肠**来混合，制作成小颗的**西班牙肉丸**（可乐饼），我店里是以此作为**开胃小菜**来供应。
基本的用法是运用于**焗烤**或**焗饭料理**。用来佐水**煮或烧烤的蔬菜**也 OK。
（荒井 升/Restaurant Hommage）

做法

1 将黄油放入锅中，以小火加热融化。

2 待黄油完全融化后，开始沸腾冒泡，出现细小的白色泡沫。

3 加入低筋面粉。

4 用橡胶锅铲不停地搅拌，避免产生颗粒，注意让面粉充分受热。

5 炒到面粉味消失且散发出香气,变成滑顺而黏稠的状态。

6 将牛奶倒入另一个锅中,加热至约60℃备用。

7 于 **5** 中加入少量的 **6**。

8 用锅铲搅拌混合,避免产生颗粒。

9 待牛奶融入后,再次倒入约90ml的牛奶,用锅铲充分搅拌混合。此步骤重复4~5次。

10 当牛奶全部混合后,进一步彻底加热并持续充分搅拌,避免烧焦。

11 当用锅铲刮锅底会留下刮痕的稠度时,将月桂叶加入,放入100℃的烤箱中烘烤30min~60min。期间每隔15min便充分搅拌一次。

12 完成的状态。捞起后会流淌而下呈缎带状。移放至表面涂抹黄油的方形平底铁盘中,再以保鲜膜覆盖来防止干燥。

蛤蜊黄油酱

利用黄油让蛤蜊汤汁与土豆的煮汁乳化

黄油与鲜奶油,
结合"浓醇的蛤蜊汤汁"
与"炖煮土豆的煮汁",多种口味造就丰富的层次。
吸足蛤蜊汤汁的土豆,
味道浓郁。

材料

蛤蜊汤汁
| 蛤蜊…2kg
| 水…1L
土豆…100g
水…100ml
盐…2g
黄油…50g
鲜奶油…200g
黑胡椒…2g

做法

1 制作蛤蜊汤汁。
① 将蛤蜊与水放入锅中,以大火加热。
② 蛤蜊壳煮开后,进一步加热10min左右。
③ 将蛤蜊与煮汁分离,煮汁即为蛤蜊汤汁。将蛤蜊肉从壳中取出备用。

2 水煮土豆。
① 将土豆削皮,切成1cm见方的丁状。
② 将土豆放入锅中并注入水。水量需没过土豆。加盐后以大火烹煮。
③ 煮出浮沫后捞除,更进一步煮约2min。将土豆与煮汁分离,各自留下备用。

3 将 **2** 的煮汁炖煮至剩1/3的量。

4 于锅中倒入蛤蜊汤汁与 **3**,将黄油、**1** 取出备用的蛤蜊肉(80g)、**2** 的土豆、鲜奶油与黑胡椒加入,搅拌混合。

保存方法与期限

冷藏可保存3天。

用途

这道酱汁主要是作为**意大利面酱**来运用。意大利面蘸裹此酱后,再撒上大量的夏季黑松露与帕玛森奶酪,十分令人喜爱,不过如果再进一步炖煮酱汁,并加入蛋黄与帕玛森奶酪,即可营造出**意式蛋奶面风味**(Carbonara,右页)。作为**蒸鱼**的酱汁也不错。

(横山英树/(食)ましか)

蛤蜊黄油塔佳琳意式蛋奶面

横山英树/（食）ましか

蛤蜊的浓郁鲜味，夏季黑松露的香气，
在口中绽放开来的一道意大利面，
塔佳琳意大利面的面条虽细，却存在感十足，
蘸裹吸附了大量酱汁，让整体融为一体。

材料 1人份

- 蛤蜊黄油酱（左页）…300g
- 松露油…少许
- 蛋黄…2颗
- 帕玛森奶酪（磨碎）…10g+适量
- 塔佳琳意大利面（手打）…60g
- 夏季黑松露…8g
- 黑胡椒…适量
- 盐…适量

做法

1. 于锅中加热蛤蜊黄油酱，再加入松露油拌匀。将蛋黄与帕玛森奶酪（10g）加入，为了避免产生颗粒，一边以低温加热，一边搅拌直到变得黏稠为止。
2. 用热盐水煮熟塔佳琳意大利面，滤掉热水后放入1的锅中，用酱汁拌匀。
3. 将2盛盘，用刨丝器来刨削夏季黑松露，撒于其上。撒上帕玛森奶酪（适量）与黑胡椒。

鳀鱼焦化黄油酱

搭配煎得香气四溢的青鱼恰恰好

材料
鳀鱼…2 片
发酵黄油…100g
柠檬汁…1/2 颗

做法
1 将鳀鱼剁成糊状。
2 制作焦化黄油。将发酵黄油放入锅中，边摇晃锅子边以小火加热。
3 待黄油变成淡褐色后，将鳀鱼加入快速搅拌，接着让锅底接触冰水来急速降温。
4 将柠檬汁加入 3 中混合，尝尝味道，若觉得不够咸，再加鳀鱼来调整。

保存方法与期限
冷藏可保存 1 周。

充满柠檬味的焦化黄油酱，
是白肉鱼的固定用酱，
不过这道酱汁中多添了鳀鱼。
添加鳀鱼具层次的鲜味，
藉此调制出与青鱼十分契合的酱汁。

用途

organ 与姊妹店 uguisu，这两家店的主打料理"**炙烤鲷鱼与土豆**"中，就运用了此酱。将腌渍并炙烤过的鲭鱼摆于香煎土豆上，再绕圈淋上此酱而成。与**扇贝贝柱**也十分契合。

（绀野 真 /organ）

香艾酒风味黄油酱

使用加了香草的利口酒来增添风味

材料
香艾酒（干型，不含残糖或极少量的糖）
　…30ml
红葱头（切成碎末）…100g
白酒醋…15ml
鲜奶油（乳脂成分 38%）…50ml
黄油…50g
盐、白胡椒…各适量

做法
1 将香艾酒、红葱头与白酒醋放入锅中，置于火上加热。炖煮至整锅变成褐色且呈黏稠状为止。
2 将鲜奶油加入 1 中稍微炖煮，直到呈黏稠状。加入黄油使之乳化，再加盐、白胡椒调味。

保存方法与期限
使用时才制作，当次使用完毕。

这道酱汁做了些变化，
于法式料理的正统黄油酱中，
添加了香艾酒（含香草的利口酒）。
香艾酒的清爽香气与微微的苦味，
增添味道的层次。

用途

这是一道与所有海鲜类料理都很搭的酱汁。我认为采用**香煎**的烹调方式，并选用**虾**、**白肉鱼**与**鲑鱼**这类的食材特别合适。如果添加柠檬汁、龙蒿醋、雪莉酒醋、香槟醋等，进一步增强酸味，那么与**青鱼**也对味。

（荒井 升 /Restaurant Hommage）

格勒诺布尔风黄油酱

添加酸豆与柠檬酸味的黄油酱汁

材料
- 鳀鱼焦化黄油酱（左页）…100g
- 番茄（切成5mm见方的丁状）…3/4颗
- 酸豆…18g
- 柠檬果肉（切成5mm见方的丁状）…1/4颗
- 油炸面包丁*…15g
- 荷兰芹叶（切成碎末）…2枝
- 柠檬汁…适量
- 盐…适量

* 油炸面包丁的做法：于平底锅中放入黄油，边摇晃锅子边以小火加热至冒细泡为止。将白吐司（切成7～8mm见方的丁状）放入，使之蘸满黄油并出现淡淡金黄色泽。撒上少许的盐，放入110～130℃的烤箱中烤30～60min，将水分烤干而变得酥脆。

做法
1. 加热鳀鱼焦化黄油酱，将番茄、酸豆与柠檬果肉加入。
2. 熄火，加入油炸面包丁与荷兰芹叶。加柠檬汁与盐调味。

保存方法与期限
使用时才制作，当次使用完毕。

法国的经典酱汁。
将油炸面包丁、酸豆与柠檬加入黄油来制作，主要用来搭配白肉鱼或淡水鱼。
这道食谱是使用与青鱼十分对味的鳀鱼焦化黄油酱（左页），另外添加番茄、酸豆与柠檬来调制，成为一道可运用于青鱼或白肉鱼料理的酱汁。

用途

鳕鱼、比目鱼、鳐鱼翅等的**香煎**或**黄油香煎料理**与此酱汁都很搭配。

（绀野 真 /organ）

酱汁&蘸酱 Collection 3 — 意大利面酱 基础篇

运用于直条意大利面等干面！

● **番茄酱**（p.92）
这是一道朴实的番茄酱，能充分品尝到番茄的好滋味。

● **墨鱼酱Ⅰ**（p.80）
此酱善用了乌贼的墨汁，肉与肠子，充分发挥其鲜味。

● **墨鱼酱Ⅱ**（p.81）
此酱运用了鲜鱼汤，并直接发挥出乌贼的浓郁。

● **番茄培根意大利面的酱汁基底**（p.96）
此酱是将番茄加入炒培根与洋葱中炖煮而成的基底，意大利面煮好后，再添加黄油即可。

建议用于扁平的现做意大利面！

● **茄汁肉酱**（p.76）
此酱是将提味蔬菜与牛绞肉炒得香气四溢，制作成番茄肉酱。鸡肝的浓郁滋味让风味更有层次。

运用于短型意大利面！

● **古冈佐拉奶酪乳霜酱**（p.50）
用肉汤稀释，即成意大利面酱。与意式面疙瘩搭配也很合适。

Part 3 奶酪、奶油与牛奶

Part 4 油酱

油酱是能彻底提引出食材原味的方便素材。
可更有效地萃取出香气，还可突出食材的本味。
光是用来佐鱼料理，就能让料理的味道变得立体，
本单元就来介绍这样的油类酱汁。

火腿油酱（自制番茄干、盐昆布与生火腿）
让带有鲜味的素材混合交融

将3种独具鲜味的食材与油，
一起倒入食物调理机中搅打而成的滑顺糊酱。
仅仅是佐于料理就可大幅提升料理的味道。

材料
自制番茄干（p.197）…100g
盐昆布…10g
生火腿…50g
橄榄油…100ml

做法
将所有材料放入搅拌机中，搅打至滑顺为止。

保存方法与期限
冷藏可保存1周。

用途
此酱搭配**香煎**或**盐烤**的**白肉鱼**、或是**乌贼**的料理都很对味。加入蛤蜊等贝类的酒蒸料理中，或是利用鸡汤加以稀释再用来煮鱼，即可做出**意式渔夫料理***风味的汤品。

（米山 有 / ぽつらぽつら）

* Acqua Pazza，原意为"疯狂之水"，源自意大利拿波里的渔夫料理，标准食材为白肉鱼加上小番茄、水与橄榄油，如今凡是以鱼类为主的海鲜加上蔬菜、番茄、香草和橄榄油烩煮成的海鲜料理，皆可称为"Acqua Pazza"。

熏制油酱
让生鲜食材覆满烟熏香气的秘技

将味道与香气都比较温和的
葡萄籽油加以熏烤，使之带有烟熏香气。
只要滴上一滴，
无须加热食材就可以让料理充满烟熏香气。

材料
葡萄籽油…200ml
烟熏用木头（山胡桃木）…约5cm

做法
1 将葡萄籽油倒入方形平底铁盘中。
2 于炒锅的锅底铺上铝箔纸，摆上烟熏用木头。将烤网摆于锅子上，使调理钵倒置于烤网上，作为盖子。
3 将 2 置于火上加热。开始冒出烟后，将 1 放于烤网上并以调理钵盖住，烟熏 30min。希望能让烟熏香气沾附于油上，因此须调整火候，保持在不断冒烟的状态。

保存方法与期限
冷藏可保存 2 周。

用途

不加热但想增添烟熏香气时，即可运用此酱。
例如，淋于**生鲜鲑鱼**上，口感与味道都是生的，却能让人产生犹如品尝烟熏鲑鱼般的神奇感受。亦可淋于**豆腐蘸酱**（p.132）上作为开胃小品。

（西冈英俊/Renge equriosity）

橄榄糊酱
利用酸味描绘出味道的轮廓

利用酸豆彻底发挥出酸味的一道橄榄糊酱，
让容易模糊的橄榄滋味更明显。
进一步利用鳀鱼增添鲜味与咸味。
因为味道的轮廓鲜明，
也很适合运用来增添料理层次。

材料
黑橄榄…50g+100g
A ┌ 酸豆…25g
  │ 鳀鱼…17g
  │ E.V. 橄榄油…75g
  └ 大蒜…1.5g

做法
1 将黑橄榄（50g）先剁成粗末
2 将黑橄榄（100g）与 A 放入食物调理机中，搅打成糊状。
3 将 1 加入 2 中搅拌混合。

保存方法与期限
冷藏可保存 1 周。

用途

可以**直接涂抹于面包**来品尝，佐**鱼类料理**或**肉类料理**来增添酸味与鲜味的层次也很不错。

（冈野裕太/IL TEATRINO DA SALONE）

Part 4 油酱

荷兰芹青酱

品尝荷兰芹的翠绿滋味

材料
意大利荷兰芹叶…25g
鳀鱼糊酱…9.5g
酸豆…30g
橄榄油…60g

做法
将所有材料放入搅拌机中,搅打至滑顺为止。

保存方法与期限
冷藏可保存2～3天(若是真空包装则约1周)。冷冻保存风味会变差。建议于上述期间内使用完毕。

意大利荷兰芹的新鲜滋味,
在嘴里一下子迸散开来。
不加醋,而是利用酸豆来增添酸味,
藉此可添加鲜味与风味,
并让味道更集中一致。

用途

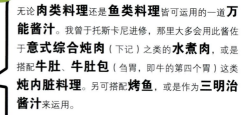

无论**肉类料理**还是**鱼类料理**皆可运用的一道**万能酱汁**。我曾于托斯卡尼进修,那里大多会用此酱佐于**意式综合炖肉**(下记)之类的**水煮肉**,或是搭配**牛肚、牛肚包**(皱胃,即牛的第四个胃)这类**炖内脏料理**。另可搭配**烤鱼**,或是作为**三明治酱汁**来运用。

(汤浅一生/BIODINAMICO)

意式综合炖肉 佐荷兰芹青酱

(汤浅一生/BIODINAMICO)

在意大利,综合炖肉与荷兰芹青酱是黄金组合。
意式综合炖肉是一道简朴的料理,
将各式种类与部位的肉块一起煮,
使之互相吸取彼此的鲜味。
荷兰芹青酱的翠绿,
以及直捣味蕾的飒爽滋味,
与炖肉十分对味。

做法
1 将牛舌、猪五花肉、鸡翅一起煮,制作意式综合炖肉(p.195)。
2 将1的牛舌与猪五花肉切成方便食用的大小。鸡翅仅保留鸡翅中,并去除骨头以方便食用。
3 将2一起盛盘,佐上荷兰芹青酱,再以意大利荷兰芹点缀。

罗勒糊酱（罗勒青酱）

通过盐来凸显罗勒的味道与香气

这道酱汁的重点，
是罗勒的香气。
为了避免气味受到干扰，
将奶酪的添加量设定在最低限度。
如此可让咸味充分发挥，
并凸显出罗勒的味道。

材料
罗勒叶（软嫩的部位）…100g
松子…25g
大蒜…1~2瓣
佩克里诺羊乳奶酪 [*1]（磨碎）…25g
帕玛森奶酪（磨碎）…30g
E.V. 橄榄油 [*2]…60ml
盐（天然日晒海盐或岩盐）…4g

[*1] 意大利萨丁尼亚岛的羊乳硬质奶酪。
[*2] 为了避免干扰到罗勒的香气，选用轻盈且无强烈味道的油（利古里亚州产等）。

做法
1 清洗罗勒叶，放入滤勺中沥干。
2 将 E.V. 橄榄油倒入搅拌器中，放入冷冻库中冰冻备用。松子放入 100℃的烤箱中烘烤 1h，冷却后放入冰箱冷藏备用。大蒜、佩克里诺羊乳奶酪、帕玛森奶酪与盐也先冷藏备用，使用前一刻再取出。借此预防罗勒因搅拌器搅打时产生的热气而变色。
3 将罗勒以外的材料加入 2 的搅拌器中，搅打至较粗的糊状。
4 将罗勒叶加入 3 中，搅打至自己喜欢的滑顺度为止。

保存方法与期限
冷藏可保存 4 天。照射到光线会退色，因此冷藏保存时，需放入瓶内并用锡箔纸包覆起来。注入油覆盖表面来防止退色的方式会导致油进入酱汁中而改变调配的比例，因此不建议采用此法。冷冻可保存 1 个月，此时放入附拉链塑料袋中，挤出空气整平，再用毛巾包覆袋子，收纳于冷冻库内部照不到光线的位置防止退色。使用之际，只需挖取所需的分量来解冻即可。

用途

这道食谱是我在利古里亚大区文蒂米利亚镇的意式餐厅"Balzi Rossi"学习期间学到的。这家餐厅的做法是将这道糊酱与贝夏媚酱、土豆、四季豆一起放入意大利面的面皮中，分别以一人份的量包覆起来，再淋上贝夏媚酱，作成**千层面**来供应。利用罗勒糊酱拌匀**特飞面**（Trofie，短型意大利面）、**土豆**与**四季豆**，此乃利古里亚大区颇具代表性的地方料理，而这道千层面即是以此为基础，经调整变化而成的料理。
此外，从热那亚绵延至托斯卡纳的山峰地带，有一道秋季特有的料理，是将 9 月出产的太白粉混入意大利面中，再淋上此酱。罗勒糊酱只要一加热就会变色，香气也会散掉，因此用来当意大利面酱使用时，酱汁本身不加热，请先将煮好的意大利面与配料盛盘，再淋下酱汁。

（永岛义国 /SALONE 2007）

香蒜鳀鱼热蘸酱
毫无腥味，满满奶油香

分别用水汆烫 3 次，再以牛奶烫过 1 次并沥干，
彻底去除大蒜的臭味是制作关键。
最后阶段加橄榄油加热时，
稍微留些不均匀的颗粒，即可发挥出橄榄油的香气。

材料 1 人份
香蒜鳀鱼酱…自下列分量中取 30g
　大蒜…2kg
　牛奶…1kg
　鳀鱼…600g
　水…适量
橄榄油…60g

保存方法与期限
以香蒜鳀鱼酱的状态冷藏可保存 3 周。
冷冻的话可保存 6 个月。

香蒜鳀鱼酱

用途

混合橄榄油的热蘸酱，可用于**香蒜鳀鱼沙拉**（右页）。若是以香蒜鳀鱼酱的状态，则用途较广，涂于**烧鲣鱼生鱼片**来享用也很美味，建议可以添加柠檬汁腌渍**虾**或**节瓜**等。

（横山英树／（食）ましか）

做法

制作香蒜鳀鱼酱

1 将大蒜放入锅中，注入水，使大蒜可稍微浮出水面。

2 以中火加热，加热至沸腾冒大泡为止。

3 倒掉热水，将大蒜放回锅中。

4 再次进行 1～3 的步骤，重复 2 次。

5 将牛奶注入放了大蒜的锅中，以中火加热。

6 牛奶煮沸并开始冒泡后，维持此状态15min左右。

7 倒掉牛奶，将大蒜放入滤勺。

8 将鳀鱼放入锅中拌炒。

供应时的最后阶段

9 当鳀鱼融化后，将7的大蒜加入，边加热边搅拌混合。

10 待整体混合均匀后，将手持式搅拌棒放入锅中，搅拌至滑顺为止。

11 以滤网筛挤过滤后，放入密闭容器中，以此状态保存备用。

12 将香蒜鳀鱼酱与橄榄油倒入锅中，以中火加热。边加热边搅拌，稍微留些不均匀颗粒，以此状态盛盘。

香蒜鳀鱼沙拉

横山英树 / (食) ましか

选用有机或当季蔬菜，
通常使用11～12种左右来摆成拼盘。
香蒜鳀鱼酱的味道十分浓郁，
因此为了让味道更平衡相衬，蔬菜皆切成稍大块状。

做法

1 选用当季蔬菜。切成适当大小，较硬的蔬菜先用水煮。照片中的蔬菜分别为芜菁、白胡桃南瓜、抱子甘蓝、黄节瓜、白节瓜、迷你红萝卜、圆秋葵、红芯萝卜、菜花、西蓝花、黄瓜与樱桃萝卜。

2 将1盛盘，淋上E.V.橄榄油与黑胡椒。于另一个器皿中盛上香蒜鳀鱼酱（左页）附于一旁。

生姜酱

辣味外加清凉的余味

材料
生姜…200g
柠檬皮…5g
A ┌ 大蒜…少许
  └ E.V. 橄榄油…50g

做法
1 生姜去皮后,切成大块。柠檬皮也切成大块。
2 将 1 与 A 放入调理钵中,用手持式搅拌棒搅打成糊状。

保存方法与期限
冷藏可保存 1 周,冷冻可保存 3 个月。

这道酱汁于磨成泥的姜中,
增添柠檬的清凉感。
少量的大蒜让香气更浓郁,
并借由 E.V. 橄榄油让口感更滑顺。
做法非常简单,
保存性高也是其优点。

用途

这道酱汁与**青鱼**很搭,因此用于佐**炙烧鲣鱼生鱼片**(下记)是最棒的选择。其他像是**竹夹鱼**、**鲭鱼的生鱼片**,或是**生肉薄片**,搭配此酱来享用也不错。并且此酱很适合作为凉拌豆腐的佐料。建议可以佐**水茄子**,再稍微滴几滴酱油来享用。
(横山英树 /(食)ましか)

鲣鱼生肉薄片
(横山英树 /(食)ましか)

将炙烧鲣鱼生鱼片变化成西洋风味。
近似鱼酱但有些微小差异的鲣鱼酱与
炙烤好的鲣鱼十分对味。
此外,配上生姜的清爽辣味,
让油脂丰富的鲣鱼品尝起来更爽口。

材料 1人份
鲣鱼…150g
红洋葱(切成薄片)…30g
生姜酱(上记)…20g
鲣鱼酱(p.84)…20g
叶菜类嫩叶…适量
炸蒜片…适量

做法
1 针对鲣鱼的外皮,可用喷火枪炙烤,再切成厚片。
2 将红洋葱稍微泡过水后,沥干水分。
3 将 2 铺于冰镇好的器皿上,再把 1 并排于上头。将生姜酱摆于 1 的上方,再用鲣鱼酱绕圈淋于整体。将叶菜类嫩叶摆于 1 上,撒上炸蒜片。

辣油

少点辣味，多些香气

这道辣油在调配上稍微克制辣度，
所以更能感受到香料的香气。
红辣椒选用四川产的朝天椒，香气较佳。

材料

A ⎡ 朝天椒粉…50g
　│ 花椒…2g
　│ 陈皮…1g
　⎣ 八角…3 片 *1

棉籽油…360ml

保存方法与期限

常温下可保存 2 周。若放置超过此期限，油会因氧化而变味。

*1 将八角的 8 片叶子拆散，取 3 片来使用。

用途

作为**煎饺**的蘸料，或是用于**麻婆豆腐**（p.73）的最后润饰，不会太辣且香气十足，所以可增添辣度与香气，又不抹煞料理的好滋味。

（西冈英俊 /Renge equriosity）

做法

1 将 **A** 放入调理钵中。

2 将棉籽油倒入炒锅中加热，直到冒出烟为止。

3 将 **2** 的油加入 **1** 的调理钵中。

4 将油全部加入后，用打蛋器充分搅拌混合。待冷却后，利用厨房纸巾进行过滤。

食用辣油

口感酥酥脆脆，香气馥郁而丰富

材料
- 洋葱（沿着纤维切成薄片）…900g
- 腰果…300g
- 大蒜（切成碎末）…200g
- 生姜…200g
- A ┌ 白芝麻…300g
  │ 麻油…200g
  └ 辣椒油（p.114）…6g
- 油炸用油、煎炒用油…各适量

做法
1. 用约170℃的油来炸洋葱。轻微上色后，暂时起锅沥油。入锅炸第2次，炸至怡到好处呈金黄色，再次沥油。
2. 用棒子将腰果敲打成细末。
3. 将大蒜炒至上色并收干水分。
4. 将生姜去皮，切成碎末，炒至收干水分。
5. 将1~4趁热放入调理钵中搅拌混合，加入A后进一步拌匀。

保存方法与期限
冷藏可保存1个月。

腰果的酥脆口感，炸洋葱的鲜甜与香气，再加上大蒜与生姜的香气，交织出复杂的好滋味。保存期限长亦是其魅力。

用途

除了佐**蒸鸡**食用外，作为**凉拌豆腐**的佐料也不错。煮好的面条以此酱拌匀即可成为一道特辣且口感令人愉悦的**拌面**。此外，撒于**咖哩饭**上当配料，既可带出味道的深度，又可为口感加分。

（横山英树/(食)ましか）

葱油

带出浓郁度并增添葱香

材料
- 青葱（切成葱花）…25g
- 色拉油…120ml
- 盐…1/4小匙

做法
1. 将葱花与盐放入耐热容器中，搅拌混合。
2. 将色拉油倒入平底锅中，加热至170℃，注入1中搅拌混合。

保存方法与期限
当天使用完毕。放到隔天后，葱的颜色与香气都会变差。

于青葱上撒盐，再淋上热油调制而成。绕圈淋于清爽的料理上，可增添层次感与葱香，让风味更丰富。

用途

在越南，这是一道运用于各式料理的香油。

比方说，与洋葱酥或磨碎成粗粒状的花生一起淋于**烧烤蛤蜊或文蛤**上；或将烤得酥脆的**咸猪肉**或**鸡腿肉**制成越式法国面包（越式三明治），再以此酱淋于肉块上；还可以淋于**香煎猪肉**或**越式炸春卷凉面**（上面摆了炸春卷与香草的拌面）上。此外，为了增添层次感，亦可加入**沙拉酱**中，或是淋于用泰式鱼露或越南鱼露调味好的**意大利面**上。

（足立由美子/Maimai）

香油
萃取出葱与姜的香气

材料
长葱的绿色部位…3根
生姜…30g
棉籽油…360ml

做法
1 将生姜去皮，直接用刀膛拍裂。
2 将棉籽油、长葱绿色部位与1放入炒锅中，置于火上加热。当油温达170℃左右，散发香气后即可离火冷却。
3 用厨房纸巾过滤2。

保存方法与期限
冷藏可保存2周。

葱与生姜不切直接放入油中加热，
仅让香气释放到油中。
想要葱与姜的香气，
但又不想将葱与姜放入干扰到料理的本味，
这种时候这道酱汁就派得上用场。

用途

运用于**豆皮**、**蘑菇**、**鲍鱼**等**煎炒料理**中。这些都是希望能让客人直接品尝到食材真实口感的料理。此外，虽然希望让食材覆满葱与姜的香气，但葱与姜本身会干扰到主菜的口感，这时只需使用这道油酱，即可添加葱与姜的香气，又不影响口感。

（西冈英俊/Renge equriosity）

蒜油
希望补足大蒜的香气与油的浓度时

材料
大蒜（切成碎末）…2大匙
色拉油…90ml

做法
将大蒜与色拉油倒入平底锅中。加热时不时搅拌一下，直到大蒜微微上色为止。

保存方法与期限
冷藏可保存3～4天。

将大蒜切成碎末来加热，
如此可于短时间提引出香气。
此外，油不须过滤，与蒜末一起使用，
即可享用到蒜末炸得酥脆的口感。

用途

当想要添加大蒜的香气与油脂的浓度时，使用这道酱汁就对了。越南有一道经典料理**"Goi Ga"**，即是使用这道油酱与甜酸汁（p.150），来拌匀**撕成细丝的水煮鸡**与**高丽菜丝**。这道酱汁可运用于各式各样的料理，也可以用来补足口感上的不足，像是绕圈淋入**煎炒料理**、**汤品**或**汤面**等；亦可加入**沙拉酱**中，淋于叶类**沙拉**也不错。

（足立由美子/Maimai）

麻婆豆腐基底酱

常备此酱，即可缩短烹调时间

材料
棉籽油…100ml
鹰爪辣椒…3 条
A ┌ 长葱（切成碎末）…2 根
  │ 生姜（切成碎末）…2 片
  └ 大蒜（切成碎末）…4 瓣

做法
1 将棉籽油与鹰爪辣椒放入炒锅中加热。
2 热锅后，将 A 加入，炒至飘出香味为止。

保存方法与期限
冷藏可保存 1 周。

用途
可用于**麻婆豆腐**(下记)。亦可变换用料，用来烹煮**麻婆茄子**或**麻婆冬粉**。
（西冈英俊/Renge equriosity）

只要将豆瓣酱、豆豉等调味料与馅料加入，
即可做出一道麻婆豆腐，
是相当方便的酱汁。
当然，也可以用于麻婆茄子或麻婆冬粉。

麻婆豆腐

（西冈英俊/Renge equriosity）

事先准备好麻婆豆腐基底酱，
即可缩短烹调时间，制作出地道的麻婆豆腐。
完成后再滴上香气十足的自制辣油，
可以让味道更上层楼。

材料 1 人份
猪肉末…50g
麻婆豆腐基底酱（上记）…1 大匙
A ┌ 豆瓣酱…1 小匙
  │ 豆豉（剁碎）……1 小匙
  └ 老抽王…5ml
B ┌ 日本酒…90ml
  └ 鸡高汤（p.197）…90ml
辣油（p.70）、太白粉水、盐、细砂糖…各适量

做法
1 将豆腐切成 1~2cm 见方的丁状。
2 将 A 放入炒锅中加热。散发出香气后，加入猪肉末拌炒。
3 猪肉末炒至变色后，将 B 加入搅拌混合，再加盐、细砂糖调味。
4 将 1 加入，豆腐变热后，加入太白粉水勾芡。绕圈淋上辣油即可盛盘。

干贝油

让清澈的鲜味释放到油中

材料
泡软的干贝*…100g
棉籽油…360ml

* 于煮酒中浸泡1天,已泡软的干贝。

做法
1 棉籽油加热,不超过170℃,加入泡软的干贝。一边搅拌,进一步加热。
2 待干贝上色且呈淡褐色后,即可离火冷却,再用厨房纸巾过滤。

保存方法与期限
冷藏可保存1个月。

用低温加热干贝与棉籽油,
仅萃取出清澈的鲜味释放到油中。
想增添一点鲜味的料理,
只要滴上一滴,
滋味就会瞬间变得更立体。

用途

用于想补足鲜味之时。
绕圆淋于**拉面**、**汤品**、**凉拌料理**、蔬菜(**氽烫秋葵**、**黄瓜**、**蘘荷**或是**加盐搓揉的腌渍茄子**等)上即可。
用来取代**韩式凉拌菜**用的麻油,也别有一番食趣。

(西冈英俊/Renge equriosity)

酱汁&蘸酱 Collection 4 — 意大利面酱 变化篇

用于塔佳琳意大利面!

● **蛤蜊黄油酱**(p.58)
这道酱汁是炖煮蛤蜊汤汁与土豆煮汁,再加黄油及鲜奶油制作而成。馅料为蛤蜊与土豆。

用于意大利饺!

● **胡桃坚果酱**(p.164)
以此酱搭配青菜迷你意大利饺,这在意大利古里亚大区是基本的用法。

● **特拉帕尼糊酱**(p.97)
用大蒜、杏仁、番茄与罗勒制作而成的西西里酱。搭配螺旋状的长条意大利面、卷卷面来享用。

用于卷卷面!

用于直条意大利面!

● 越南风味番茄酱(p.91)
这道番茄酱是使用"越南鱼露"来调味,充满亚洲风味。

用于天使细发面!

用于猫耳朵面!

● **鹰嘴豆糊酱**(p.118)
在拿波里也会用此酱来当意大利面酱。馅料是使用煮熟的鹰嘴豆。

● **海鳗高汤茄子酱**(p.86)
这道酱汁是利用从海鳗的头部与骨头中萃取出的高汤来炖煮海鳗的内脏与茄子而成。

● **西班牙番茄酱**(p.94)
这道酱汁是从西班牙冷汤变化而来。添加山药调制成浓稠的酱汁。

Part 5

肉类&海鲜类

肉类与海鲜类的蘸酱大多可当作一道道独立的料理，
光是用这类的蘸酱来佐面包即可成为一道前菜。
此酱最大的魅力就在于，只要事先准备好，
就可以立刻上菜。此外，浓缩了海鲜类鲜味的酱汁，
单单只是淋于蔬菜，肉类或鱼类料理上，
即可创造出完成度极高的好滋味。

白肉酱（Rillettes）

将油脂置换成白奶酪，调制得更轻盈

材料
猪五花肉…200g
盐曲…80g
白奶酪…200g
杏仁（剁碎）…50g
E.V. 橄榄油…适量

做法
1 将猪五花肉涂抹盐曲，用保鲜膜包覆起来放入冰箱冷藏半天。
2 将1与E.V.橄榄油一同进行真空包装，放入60℃的烹饪蒸烤箱中加热3h。
3 从真空包装袋中取出肉块，将肥肉与煮汁舍弃不用。用擀面棍将肉块压碎并搅开，与白奶酪及杏仁搅拌混合。

保存方法与期限
冷藏可保存3天，冷冻可保存2周。

这道白肉酱是使用白奶酪来代替油脂。
一般的做法是将油脂混入煮到松软的肉中，
相比之下，这种方式可调制出更加清爽的滋味。
再加上杏仁，增添了香气与口感的层次。

用途

佐上面包作为开胃小品即可。
亦可作为**填塞内馅**，像是裹上面衣做成**西班牙肉丸**（可乐饼）、做成**小型春卷**、或是酿入**辣椒**来炸等方式运用此酱。

（荒井 升/Restaurant Hommage）

茄汁肉酱

蔬菜与肉的鲜味彻底凝缩其中

材料

牛肉末…500g
鸡肝…60g
大蒜…1瓣
洋葱（切成粗末）…100g
红萝卜（切成粗末）…100g
芹菜（切成粗末）…100g
红酒…350g
牛肝菌（干燥）*…10g
番茄糊…55g
番茄罐头…550g
帕玛森奶酪外皮（可有可无）…3.5cm×7cm左右的大小

月桂叶…2片
迷迭香…2枝
橄榄油、盐…各适量

* 浸于适量水中泡软备用。浸泡汤汁也可应用，所以留下备用。

保存方法与期限

冷藏可保存3天。若是放入附拉链塑料袋中或是进行真空包装，冷冻可保存15天。

慢慢地炖煮提味蔬菜、番茄与牛绞肉，
彻底提引出蔬菜与肉鲜味的酱汁。
烹调的诀窍在于：
先将食材彻底煮熟后，再加入下一样食材。
如此可避免酱汁变得汤汤水水，
达到浓缩鲜味的效果。

用途

在意大利的艾米利亚－罗马涅大区，一般的用法是拿来拌**手打意大利面**，再淋上帕玛森奶酪，不过此酱配**干面**也很对味。此酱经常会搭配**意大利宽面（Tagliatelle）**这类扁平的意大利面。作为**千层面**或**焗烤**的酱汁也不错。意大利依地区的不同，就会有各式肉酱的食谱，虽然有些时候会使用白酒，不过使用红酒的食谱比较受人喜爱。有些不使用葡萄酒，还有一些会加黄油。这道食谱中另添加了鸡肝，不过在托斯卡尼地区是使用兔肝。

（汤浅一生/BIODINAMICO）

做法

制作香炒蔬菜酱底

1 于锅中加热橄榄油，将对切成半并去掉蒜芯的大蒜加入锅中。

2 当大蒜飘出香气后，转为大火。当油温升高后，将洋葱放入，快速拌炒以避免烧焦。

3 当洋葱稍微上色后，将红萝卜与芹菜加入，快速拌炒混合。这期间火候一直维持大火。

4 持续拌炒让油包覆蔬菜外层，炒至收干水分。闻闻气味，当散发出三种蔬菜合为一体的香气后即完成。

制作肉酱

1 将牛肉末加入香炒蔬菜酱底中。

2 让肉末分散开来煎煮，煎熟后翻面。肉末在煮的过程中会自然而然地崩散开来，因此这时未特意去搅开也无妨。

3 当煎煮肉末的声音从饱含水气的啾啾声，转为干燥的劈啪声后，将鸡肝加入拌炒混合。

4 炒至鸡肝表面变色后，加入红酒，将沾附于锅底的鲜味成分刮下，使之融入酱中，将酒精煮至完全挥发。

5 嗅闻锅内气味时不会被呛到，就代表酒精已完全挥发。此时将牛肝菌加入。浸泡汤汁稍后要加入，因此请留下备用。

6 紧接着将番茄糊加入。

7 番茄糊融入后的状态。

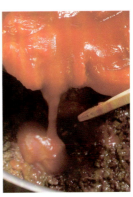
8 煮至 7 的状态后，将番茄罐头倒入。

9 接着将 5 留下备用的牛肝菌浸泡汤汁加入，充分搅拌混合。

10 待番茄罐头与牛肝菌浸泡汤汁融入后，将帕玛森奶酪外皮加入。

11 接着将月桂叶与迷迭香加入，以小火煮 3h。期间要不时搅拌混合以避免烧焦。最后加盐调味。

12 完成的状态。静置放冷，夏天放入冰箱冷藏，若是冬天则于常温下静置一晚。

鸡肝糊酱

强烈感受鸡肝浓郁的好滋味

这道鸡肝糊酱里使用了大量红酒,
并借由酸豆添加酸味,
再通过鳀鱼增添咸味。
完成品能充分感受到鸡肝的浓郁滋味。

材料

鸡肝(附带鸡心)…500g
洋葱…100g
红萝卜…100g
芹菜…100g
鳀鱼糊…15g
酸豆…15g
红酒…250g
橄榄油…适量

做法

1 清洗鸡肝。去除鸡肝上的筋。注意不要把鸡肝分切得太小块。鸡心纵切成半,去除血块与血管。
2 将洋葱、红萝卜与芹菜分别切成较细的碎末。
3 于锅中倒入橄榄油,以小火加热。将 2 加入,炒约 15min 将甜味提引出来。
4 将鳀鱼糊与酸豆加入,转大火拌炒混合。
5 散发出馥郁香气后,将 1 加入。
6 鸡肝煮熟后,注入红酒,转为中火煮 30min 左右。
7 将 6 倒入食物调理机中,搅打至滑顺为止。

保存方法与期限

冷藏可保存 2 天,进行真空包装冷冻起来则可保存 15 天。解冻时可通过隔水加热等方式,务必加热后再使用。若不加热很容易释放出腥臭味。若加热过度,会容易变得干巴巴的,请特别留意。

用途

鸡肝糊酱的做法各式各样,
这道是我在意大利托斯卡纳大区学到的做法。
托斯卡纳大区与日本一样,都固定把鸡肝糊酱当作**前菜**。涂于烤好的**托斯卡纳无盐面包(Pane Toscano)**来品尝。

(汤浅一生 /BIODINAMICO)

奶油烙鳕鱼酱

利用盐渍白肉鱼即可轻易地制作

奶油烙鳕鱼酱，
是一种用"鳕鱼干"制作而成的泥酱，
不过这道是改用盐渍白肉鱼来制作。
使用任何白肉鱼皆可。
这种方式不仅可有效活用剩余的可用食材，
也能带给顾客眼前一亮的感受。

材料

盐渍白肉鱼…自下列分量中取 30g
  白肉鱼…适量
  盐巴…适量
土豆…200g
牛奶…适量
大蒜…1 瓣
百里香…1 根
鲜奶油（乳脂成分 38%）…100g
E.V. 橄榄油…20g
盐、胡椒…各适量

做法

1 制作盐渍白肉鱼。剥除白肉鱼的外皮，于整条鱼身均匀撒满盐，放入冰箱冷藏半天。若是使用白肉鱼，鳕鱼、三线矶鲈、长尾滨鲷、甘鲷之类的皆可，利用后背肉这类剩余的可用食材即可。

2 冲洗 1 的盐，擦干水分，切成碎末。放入锅中，将牛奶注入至鱼肉能稍微浮出的高度，加入大蒜与百里香。以小火加热，煮至鱼肉熟透为止。

3 将土豆削皮，切成 1cm 见方的厚度，煮至柔软为止。煮熟后倒掉热水，再次加热并持续摇晃锅子，让水分收干。

4 将 2 锅中的食材全放入滤勺，倒掉煮汁。百里香舍弃不用，与 3 一起倒入食物调理机中。搅打至滑顺后，加入鲜奶油、E.V. 橄榄油，再次搅打充分拌匀。加盐与胡椒调味。

保存方法与期限

冷藏可保存 2 天。

用途

我店里供应的是利用此酱揉成小丸子并裹上面衣来炸，做成一口大小的**西班牙肉丸**（可乐饼），作为**开胃小品**；或是塞入**通心粉**的孔中并将奶酪摆于上方来烘烤，做成**意大利春卷**（Cannelloni）。这道酱汁与**马赛鱼汤**也很契合。
直接品尝也很美味，因此不妨佐上**面包**，作为一道简单的**开胃小菜**来供应。

（荒井 升 /Restaurant Hommage）

墨鱼酱 I

善用乌贼的"墨汁+肉+肠子",揉合出的浓郁好滋味

这道墨鱼酱里善用了北鱿的肉和肠子,
将鱿鱼的鲜味发挥的淋漓尽致。
关键在于使用红酒当基底,带出层次感。
用圆锥漏勺过滤之时,
要仔细过滤以确保不会残留墨鱼汁里沙沙的口感。

材料

红酒…3kg
墨鱼汁…600g
A ┌ 洋葱（粗略切块）…600g
  │ 红萝卜（粗略切块）…400g
  │ 芹菜（粗略切块）…200g
  └ 蛤蜊汤汁（p.58）…2kg
北鱿…3kg
大蒜（切成薄片）…150g
红辣椒…4g
洋葱（切丁）…1.2kg
番茄罐头（切大块）…3kg
橄榄油…适量

做法

1 将红酒炖煮至分量减半。加入墨鱼汁,用手持式搅拌棒搅拌,再进一步炖煮至分量减半。用圆锥漏勺过滤。

2 将 A 放入锅中,以中火炖煮。当液体剩一半的量后,将煮汁过滤备用,蔬菜舍弃不用。

3 将北鱿切割成块,取出肠子粗略切块,肉切成条状。

4 于锅中加热橄榄油,将大蒜与红辣椒炒至上色为止。

5 将洋葱加入 4 中拌炒。当甜味释放出来后,将 3 的肠子加入拌炒混合。

6 将 3 的肉加入 5 中,将水分炒至完全收干。

7 将番茄、1 与 2 加入 6 中,炖煮至鱿鱼变软嫩为止。

保存方法与期限

冷藏可保存 2 周,冷冻可保存 12 周。

用途

此酱当然可作为**意大利面酱**,亦可运用于**意大利炖饭**。此外,除了可用此酱来煮**乌贼镶意大利炖饭**,还可混入**意式烘蛋**(意大利的煎蛋)的蛋液中来煎,这么一来蛋液会变黑,可让外观呈现出趣味性。
事先一次作好全部的量,再以 1 人份分装、冷冻备用会更为方便。

（横山英树 /（食）ましか）

墨鱼酱 II
借由番茄酱与鲜鱼汤来增添鲜味

材料
墨鱼汁糊…4g
大蒜（切成碎末）…4g
香炒洋葱酱底*…15g
白酒…20g
番茄酱（下记）…35g
鲜鱼汤（下记）…300g
橄榄油…10g

* 香炒洋葱酱底的做法：将洋葱切成碎末。将洋葱重量一半的橄榄油量倒入锅中加热，加入洋葱，以小火拌炒至呈焦糖色为止。

保存方法与期限
冷藏可保存 3～4 天。

这道朴实的墨鱼酱，是添加了从白肉鱼骨中萃取的肉汤与番茄酱。这 2 种鲜味可带出墨鱼汁本身的鲜味与风味。

用途

这道酱汁的基本用法，是作为**意大利炖饭**或**意大利面**的酱汁。此次是使用鲜鱼汤，若是用于贝类料理，则将鲜鱼汤的一部分置换成蛤蜊等贝类的汤汁。
晚春至初夏之际可取得墨囊发达的乌贼，这个时节就使用乌贼的墨汁，在其他的季节则使用市售的墨鱼汁糊即可。

（冈野裕太 /IL TEATRINO DA SALONE）

番茄酱

将番茄罐头（800g）、罗勒（2 枝）、橄榄油（50g）与盐（4g）放入锅中，以大火加热。煮沸后转为小火，炖煮 40min，过滤。

鲜鱼汤

锅中加热橄榄油，将切成薄片的洋葱（1 颗）、红萝卜（1 根）与芹菜（2 根）放入，用大火拌炒。炒出馥郁的焦褐色后，将鱼骨（2kg）与水（8L）加入煮至沸腾。捞除浮沫并转为小火，每次出现浮沫便捞除，炖煮约 1h。

做法

1　于锅中加热橄榄油,将大蒜加入。

2　飘出大蒜香气后,将香炒洋葱酱底加入搅拌混合。

3　加入白酒,将酒精煮至挥发。

4　加入墨鱼汁糊。

5　紧接着加入番茄酱。

6　进一步加入鲜鱼汤。

7　煮至沸腾。

8　以小火炖煮40min,直到呈浓稠状为止。照片为完成时的状态。

墨鱼意大利炖饭
（冈野裕太 /IL TEATRINO DA SALONE）

为了避免香气与味道流失,墨鱼酱留待最后才加入,乌贼则先于别的锅中香煎至半熟再加入。
看似朴实,却是一道蕴含了精心设计的料理,直接带出墨鱼汁与乌贼的鲜味。

材料 1人份

- 米（意大利产的卡纳罗利米）…60g
- 墨鱼酱（p.81）…35g
- 乌贼…40g
- 香炒洋葱酱底（p.81）…5g
- 白酒…20ml
- 鲜鱼汤（p.81）…300g
- 意大利荷兰芹（剁成粗末）…适量
- 橄榄油、黄油、E.V.橄榄油、胡椒…各适量

做法

1　将香炒洋葱酱底倒入锅中,利用酱底的油来炒米。当米出现透明感后,加入白酒,将酒精炒至挥发。

2　将鲜鱼汤倒入1中煮,汤量约可让米稍微浮出汤面。当水气不足时,再次补足鱼汤,保持米稍微浮出的汤量。重复这个步骤,将米煮得稍微偏硬。

3　将乌贼切成一口大小,用橄榄油快速煎一下。先取一部分,留待最后装饰用。

4　将墨鱼酱加入2中搅拌混合。除了预留装饰用的部分外,将3的乌贼加入,并加入黄油、E.V.橄榄油与胡椒,将整体充分拌匀。

5　将4盛盘,把3预留的乌贼摆于其上,撒上意大利荷兰芹。

鳀鱼酱

为了于意式料理中添加酱油微妙的韵味而生的酱汁

材料
鳀鱼…300g
红酒…600g

做法
1 用平底锅来炒鳀鱼，炒至溶解。
2 加入红酒，炖煮至分量减半。
3 用滤勺过滤，去除鳀鱼的骨头。

保存方法与期限
冷藏可保存1个月。

虽然不会想在意式料理中使用酱油，
但又想添加酱油微妙的韵味，
才想出了这道酱汁。
食材仅用了鳀鱼与红酒，
朴实无华但极具深度，
咸味与浓郁度十足。

用途

推荐淋于**鳀鱼**等**青鱼的生肉薄片**上。或是将**鲔鱼的鱼肉块**与这道酱汁一起进行真空包装，就会成为如同寿司用的**腌鲔鱼**状态。亦可添加橄榄油作成**沙拉酱**。我认为只要依鱼酱的使用原则来运用此酱即可。

（横山英树／（食）ましか）

鲣鱼生肉薄片
（横山英树／（食）ましか）

将炙烧鲣鱼生鱼片变化成西洋风味，做成生肉薄片（做法→p.68）。
用鳀鱼酱（上记）绕圆淋上，再将生姜酱（p.68）摆于鲣鱼上。

海胆酱

于香蒜鳀鱼热蘸酱中加入海胆，增添鲜味

材料
生海胆…100g
大蒜…100g
牛奶…200ml
鳀鱼…30g
鲜奶油（乳脂成分42%）…75ml
盐…适量

做法
1. 于生海胆上撒盐，放入以小火加热的蒸锅中，蒸熟。
2. 用牛奶将大蒜煮至柔软。煮汁倒掉，用滤网将大蒜筛挤压泥。
3. 用滤网将鳀鱼筛挤压泥。
4. 将1、2、3搅拌混合，加入鲜奶油拌匀。

保存方法与期限
冷藏可保存4天。

香蒜鳀鱼热蘸酱里的鳀鱼与大蒜鲜味十分
适合搭配蔬菜来享用。
此酱则是于该酱中再拌入蒸好的海胆，
加了海胆的鲜味后，
不仅蔬菜，连搭配海鲜类料理都十分对味。

用途
佐**蔬菜棒**、**熟食蔬菜**或**鱼的油炸料理**来品尝即可。

（米山 有 / ぽつらぽつら）

香鱼生姜蘸酱

生姜于香鱼内脏的苦味中，增添了一股清爽的滋味

材料
香鱼…3尾
生姜…40g
橄榄油、盐…各适量

做法
1. 将香鱼抹盐静置1天，擦拭掉水分。
2. 将1与生姜放入铁锅内，注入橄榄油，保持食材可稍微浮出油面。盖上锅盖，放入100℃的烤箱中加热5h。
3. 用滤勺过滤2，将油倒掉。香鱼与姜放入搅拌机中，搅打至滑顺为止。

保存方法与期限
冷藏可保存4~5天。

将香鱼与生姜一同进行油封处理，
再全部放入食物调理机中搅打成糊状。
香鱼内脏的苦味中，
增添生姜的清爽香气，
成了爽口的好滋味。

用途
只要佐上**长棍面包**即成一道酒肴，
无论配葡萄酒还是日本酒都很合拍。
香鱼带有一股类似黄瓜的香气，因此
配**黄瓜**也很对味。

（米山 有 / ぽつらぽつら）

海鳗高汤茄子酱

为了完整品味海鳗而生的酱汁

这道酱汁是从海鳗的骨头中提引出鲜味，
再加入其内脏，增添愉悦的口感。
加入茄子微微的甜味，
调制出清爽中带有深度的好味道。
使用海鳗制成的料理，只要配上此酱，
就可以品尝到海鳗完整的好滋味。

材料

海鳗骨头…200g
海鳗头部…200g
A ┌ 洋葱（切成薄片）…300g
　├ 红萝卜（切成薄片）…200g
　├ 芹菜（切成薄片）…100g
　├ 蟹味菇（切成薄片）…80g
　├ 生姜（切成薄片）…80g
　├ 白酒…100g
　└ 蛤蜊汤汁（p.58）…2kg
海鳗内脏（卵、鳔、胃、肝脏）…100g
茄子…500g

* 部分鱼类体内一种囊状器官，可容纳空气，有调节鱼在水中沉浮的作用。

做法

1 将海鳗的骨头切成适当大小，用热水汆烫去血。头部则快速过热水，去除表面的黏液。
2 将 1 并排铺于方形平底烤盘中，放入 250℃的烤箱中烤 20～25min。必须彻底烘烤以避免带有腥臭味。
3 将 A 放入圆筒深锅中加热。煮 30min 左右，捞除浮沫。
4 将 2 加入 3 的锅中，再煮 30min。
5 过滤的煮汁留下备用。
6 海鳗内脏事先汆烫过，剁碎成适当大小，加入 5 中搅拌混合。
7 茄子置于烤网上用明火烧烤，浸泡冰水后再剥皮。剥皮之际渗出的汁液也要使用，因此请留下备用。
8 待 7 冷却后，切成 1cm 见方的丁状。
9 将 7 留下的汁液与 8 加入 6 中搅拌混合，倒入容器中，放进冰箱冷藏使之冰镇凝固。

保存方法与期限

冷藏可保存 1 周。

用途

我是以冰凉的状态直接弄碎，作为**"海鳗茄子天使细发面"**（右页）的酱汁，不过也可以加热后作为**意大利面酱**。又或者，用酱汁炖煮海鳗后冰镇，作成**西式鱼冻料理**来供应也不错。长时间保存的话，香气会散失，因此请尽快使用完毕。

（横山英树 /（食）ましか）

海鳗茄子天使细发面

(横山英树/(食)ましか)

这是一道充满夏日风情的冷制意大利面,能够享用海鳗清爽的鲜甜。
佐上的冰沙散发出嫩姜的辛辣味,更衬托出海鳗的鲜味与番茄、茄子的甜味。
同时也是一道配色缤纷的美馔。

材料 1人份

- 海鳗(已切断骨头)…100g
- 天使细发面…50g
- 酱汁
  - 海鳗高汤茄子酱(左页)…150g
  - 番茄*…30g
  - 柠檬汁…5g
  - E.V. 橄榄油…5g
- 嫩姜冰沙(p.125)…50g
- 叶菜类嫩叶…适量
- 盐…适量

＊稍微烫过并冰镇后剥去外皮,切成丁状。

做法

1. 海鳗先用热水烫过,用喷火枪炙烤表面。切成方便食用的大小。
2. 将酱汁的材料全部搅拌混合。
3. 用热盐水煮天使细发面,再沾冰水冰镇收缩。沥干水分,轻撒上盐,用 **2** 的酱汁拌匀。
4. 将 **3** 盛盘,把 **1** 摆于其上。嫩姜冰沙敲碎成适当大小,摆饰于周围,再佐上叶菜类嫩叶。

酒盗馅

只要佐上此馅,或是拌匀,即成为一道酒肴

材料
酒盗…25g
日本酒…100ml
蛋黄…5颗

做法
1 将酒盗与日本酒倒入锅中,炖煮至分量减半。
2 待1冷却后,用滤网筛挤压泥,加入蛋黄液。隔水加热,用木锅铲搅拌混合。变得浓稠后即可离火,过滤。

保存方法与期限
冷藏可保存1周。

"酒盗馅"是指腌渍的鲣鱼内脏。
正如其名,会令人酒一杯接着一杯喝,
酒一下子见底,还以为被偷了。
只要事先制成馅料备用,
光是佐于蔬菜、海鲜类、或是拌一拌,
即可完成一道精致的酒肴。

用途

可以佐于**香煎根茎类蔬菜**来品尝,
或是与浸泡过凉拌液的**蔬菜**拌匀(下记)。
亦可用高汤稀释,作为**拌酱**来运用。
与**贝类**也十分契合。

(米山 有/ぽつらぽつら)

香煎芜菁佐酒盗馅(前方)
鲍鱼与凉拌红辣椒拌酒盗馅(后方)

(米山 有/ぽつらぽつら)

蛋黄馅中添加了酒盗的鲜味,
要佐用也好,或用高汤稀释作成拌酱也好,是一道可随心应用的调味酱。
蔬菜经过香煎或凉拌这类简单的方式烹调后,
只要佐上或是拌入这道酱汁,即可完成精致的酒肴。

香煎芜菁佐酒盗馅

做法 1人份

1 切除芜菁(1颗)的叶,仅留距离根部1.5cm左右的长度。根部如有泥土残留,请清洗干净。削皮后横切成半。
2 于平底锅中加热橄榄油,将1煎得恰到好处,呈金黄色泽。
3 将2盛盘,佐上酒盗馅(上记,1大匙)。

鲍鱼与凉拌红辣椒拌酒盗馅

做法 1人份

1 用盐搓洗鲍鱼后,将昆布摆于其上,以中火蒸煮3h。
2 红辣椒(适量)整条放入170℃的油中清炸,浸泡于凉拌液(用高汤、味醂与淡口酱油,以6:1:1的比例混合,煮沸并冷却的液体)中备用。
3 将鲍鱼(1/3个)斜切成厚度约5mm的薄片。
4 将红辣椒(1根)从凉拌液中取出,去掉蒂头,滚刀切成一口大小。
5 结合3与4,用酒盗馅(上记,适量)拌匀。

海苔冻酱

于冻状的高汤中，混合生海苔

材料

汤汁冻
　高汤（p.197）…1080ml
　浓口酱油…90ml
　味啉…90ml
　吉利丁片…18g
生海苔…适量

做法

1. 制作汤汁冻。将高汤煮沸，加入浓口酱油与味啉，于即将沸腾前关火并过滤。将用水泡软的吉利丁片放入溶解。
2. 移放至密封容器中，泡冰水，冷却后放入冰箱冷藏，使之冰镇凝固。需要时再取适量弄碎使用。
3. 2大匙的汤汁冻，加入1小匙的生海苔，充分混合。

保存方法与期限

冷藏可保存2~3天。

这道是土佐醋冻酱（p.144）的变化版。
不加醋，也不于汤汁中添加柴鱼片，
让生海苔的风味更突出。
因为没有加入酸味，
可大幅扩增变化的范畴。

用途

将**海胆**摆于**豆皮豆腐**上，从上方淋下此酱，或者淋于**炙烤扇贝**或**鲍鱼**上也不错。
此外，与任何**海鲜类**也都很对味，种类不限。

（中山幸三 / 幸せ三昧）

海苔黑橄榄酱

弥漫着浓浓海之香

材料

烤海苔（整片）…2片
黄油…30g
　黑橄榄（切成粗末）…25g
A　鳀鱼（制成泥状）…2片
　鸡高汤（p.197）…125ml
盐、胡椒…各适量

做法

1. 用明火稍微炙烧烤海苔，使之散发出香气，撕成一口大小。
2. 制作焦化黄油。将黄油放入锅中，边摇晃锅子边以小火加热，直到呈褐色为止。
3. 将1与A加入2中搅拌混合，散发出鳀鱼香后，加入鸡高汤煮至滚沸。
4. 将3放入搅拌机中搅打，加盐与胡椒调味。

保存方法与期限

冷藏可保存4~5天。

于焦化黄油中加入烤海苔与黑橄榄，
即成一道海草香气馥郁的酱汁。
若结合白色食材或料理，白加黑的对比，
会是一道令人印象深刻的料理。

用途

由于是一道漆黑的酱汁，搭配上白色食材，即成一道色彩对比鲜明的美丽佳肴。海苔的香气与海鲜类十分对味，因此也可以当作**白子（鱼的精巢）**或**黄油香煎鳕鱼**、**鲍鱼**或**软炸星鳗**的酱汁。

（绀野 真 / organ）

Part 6 蔬菜&豆类

没有哪种食材，能像蔬菜这般展现出如此多样的滋味。
可以生菜状态直接与香草或油搅拌混合，
也可以煮至软烂制成蔬菜泥。
香辛蔬菜或提味蔬菜，则可活用其辛辣味或香气
来增添味道的层次。味道温和的豆类或豆腐，
也能制作成滋味醇厚的酱汁或蘸酱。

越南风味番茄酱
利用越南调味料来调味

利用越南鱼露与美极鲜味露来调味的
番茄酱。
看起来像是欧风的番茄酱，
实际一尝却是不折不扣的东南亚风味。
有了这道酱汁，
即可制作出与白米饭绝配的佳肴。

材料
番茄（切成大块）…700g
A ┌ 美极鲜味露…15ml
  │ 越南鱼露…20ml
  │ 细砂糖…2小匙
  └ 黑胡椒…少许
大蒜（切成碎末）…1瓣
色拉油…30ml

做法
1 于锅中加热色拉油，放入大蒜。
2 飘出大蒜香气后，将番茄加入，以中火煮10min左右。加入 **A** 来调味。

保存方法与期限
冷藏可保存1~2天。

用途

可以运用于**所有使用番茄酱的料理**，任何料理都能变成越南风味。在越南，会用于**烧卖**（一口大小的肉丸子）、**油豆腐、炸鱼、乌贼镶肉、切块鱼肉**这类的**番茄炖料理**中。也适合作为**意大利面酱**，馅料则建议选用**鲔鱼、茄子、蛤蜊**等。

（足立由美子/Maimai）

番茄酱

尽情品味番茄的鲜甜

材料
水煮番茄…2550g
香炒蔬菜酱底
　洋葱…250g
　芹菜…250g
　红萝卜…250g
　橄榄油…150g
　大蒜…1/2 瓣
　月桂叶…2 片
砂糖…13g
盐…14g
水…300ml

保存方法与期限
冷藏可保存 3 天，冷冻可保存 1 周。

有了这道番茄酱，
再多直面也能吃个精光。
明明是用简单的食材来制作，
却能有如此浓郁的味道，
这是因为花长时间彻底拌炒提味蔬菜，
将其馥郁的鲜味提引出来的成果。

用途

利用此酱来烹调**茄汁意大利直面**（右页），午餐套餐尾声固定以此作为点缀料理，意大利面的分量是依顾客的需求来供应，这点深受顾客好评。
正因为是品尝完一整套佳肴后，作为总结的一道料理，所以吃不腻的好味道是番茄酱的特点，当然也可以运用于意大利面以外的料理。

（永岛义国 /SALONE 2007）

做法

制作香炒蔬菜酱底

1 洋葱切成 3mm 见方，芹菜切成 2.5mm 见方，红萝卜切成 2mm 见方的丁状。

2 于平底锅中加热橄榄油，将大蒜、月桂叶与 1 加入。每 15min 左右搅拌混合一次以避免烧焦，炒 4h 左右。照片是炒完后的状态。

制作番茄酱

1 将月桂叶从蔬菜酱底中取出舍弃，加入水煮番茄、水、砂糖与盐，以小火煮 1～1.5h。

2 用手持式搅拌棒搅打 1，使之彻底乳化，直到成为浓汤状。加盐与砂糖调味。

茄汁意大利直面
（以番茄酱为基底的意大利直面）
（永岛义国 /SALONE 2007）

这道意大利面能让人充分享用到番茄酱汁单纯却浓郁的美好滋味。
酱汁内含饱满的鲜味，很容易给意大利面带来浓郁的口味，
使用味道清爽的油品以及辛辣度高的辣椒，
意在追求"强烈的鲜味"与"容易入口"两者兼具。

材料 1人分
- 番茄酱（左页）…100ml
- 百味来意大利面（barilla）…100g
- 蒜油*…10ml
- E.V.橄榄油（意大利西西里产的弗朗托亚橄榄油）…适量
- 盐、胡椒…各适量

* 蒜油的做法：将大蒜（200g）、红辣椒（6根，意大利卡拉布里亚产，辣味较强烈的辣椒）与橄榄油（600g）放入锅中，以小火加热至大蒜变成深褐色为止。

做法
1. 将意大利面放入大量的热盐水中，煮大约7min。
2. 将番茄酱、蒜油与少许的水（分量外）倒入锅中，加热备用。
3. 将1放入滤勺，加入2中蘸裹酱汁。
4. 加盐与胡椒调味。将E.V.橄榄油加入，摇晃锅子使酱汁充分乳化。盛盘。

西班牙番茄酱

山药的黏稠感是一大重点

材料

A
- 红甜椒（粗略切块）…300g
- 黄甜椒（粗略切块）…300g
- 洋葱（粗略切块）…300g
- 黄瓜（粗略切块）…500g
- 大蒜…10g
- 小番茄…2kg
- 盐…10g

山药…300g

B
- 雪莉酒醋…100g
- E.V. 橄榄油…200g
- 辣椒油（p.114）…5g

盐…适量

做法

1. 将 A 放入料理盆中，用手持式搅拌棒打细碎。
2. 放入网眼细密的滤勺中静置 30min 左右，沥干多余的水分。
3. 将山药削皮，粗略切块。
4. 将 2、3 与 B 放入料理盆中，用手持式搅拌棒搅拌，打至细碎仅留下些微颗粒的程度。加盐调味。

保存方法与期限
冷藏可保存 2 周。

添加山药带出黏稠感，
使酱变得不易分离，提高酱汁黏度。
若用番茄取代小番茄，
水分会导致酱汁太稀。
请务必使用小番茄。

用途

除了可以用来拌**天使细发面**，制成**冷制意大利面**外，亦可佐于**油封香鱼**或**烤鱼**来享用。还可以用来作为**虾**或**滋味清淡的白肉鱼生薄片**的酱汁。

（横山英树/（食）ましか）

酱汁&蘸酱 Collection 5 — 只要搭配面包即成前菜篇

享用肉的鲜味

● 白肉酱（p.75）

● 鸡肝糊酱（p.78）

● 金华火腿卡士达奶油酱（p.40）

享用鱼的鲜味

● 奶油烙鳕鱼酱（p.79）

● 土豆鲔鱼蛋黄酱（p.38）

● 茶豆明太子蘸酱（p.119）

● 香鱼生姜蘸酱（p.85）

享用奶酪的浓醇

● 白奶酪塔塔酱（p.49）

● 古冈佐拉奶酪慕斯酱（p.50）

● 古冈佐拉奶酪乳霜酱（p.50）

罗美斯扣酱

用蔬菜与坚果制成的万能酱汁

罗美斯扣酱是西班牙加泰罗尼亚地区的蘸酱。
以甜椒与番茄为基底,
加入坚果或 E.V. 橄榄油等。
无论搭配蔬菜、肉类、鱼类都行,
是一道与任何食材都对味的万能酱汁。

材料

- 中型番茄(李子番茄)…2 颗
- 红甜椒…1 颗
- 洋葱(中型)…1/3 颗
- 大蒜…2 瓣
- 坚果
  - 杏仁…5g
  - 榛果…5g
  - 松子…5g
- 雪莉酒醋…少许
- 埃斯普莱特辣椒粉 *…少许
- E.V. 橄榄油…适量
- 橄榄油…适量
- 盐…适量

* 法国巴斯克地区的埃斯普莱特村所产的红辣椒粉。

做法

1. 将红甜椒对切成半,去除蒂头与籽。去除中型番茄的蒂头。
2. 将 1、去皮的洋葱、带皮的大蒜与坚果摆于烤盘上,绕圈淋上橄榄油,放入 180℃的烤箱中。
3. 坚果首先出现烧烤色泽,取出。约 30min 后,1 热透,取出。剥去甜椒外皮。
4. 将 3 放入搅拌机中,其他材料也全部加入,搅打至滑顺为止。若水分太少导致搅拌机无法顺利搅打,可加入少许水来调整。

保存方法与期限

冷藏可保存 3～4 天,但因为加了大量蔬菜,容易变质。制作好后宜尽快使用完毕为佳。

用途

若是搭配**蔬菜**,无论**生吃**也好、**烤的**也好,都很对味。可与各式各样的料理搭配,像是**油封猪肉**、**烤鸡肉**、**煎烤或水煮的鳕鱼**、**海鲜类的酥炸料理**等。

(绀野 真 /organ)

享用蔬菜与豆类的滋味与浓郁

● 冷式奶酪锅 (p.54)

● 新鲜山葵奶油起司酱 (p.52)

● 鹰嘴豆糊酱 (p.118)

● 酪梨莎莎酱 (p.108)

● 圆茄鱼子酱 (p.102)

● 酪梨鲜酱 (p.106)

● 豆腐蘸酱 (p.132)

● 核桃酪梨莎莎酱 (p.107)

● 橄榄糊酱 (p.63)

● 菜花与西蓝花蘸酱 (p.115)

番茄培根意大利面的酱汁基底
考虑与黄油的属性，简单发挥番茄的味道

番茄培根意大利面的酱汁中，
一般都只使用橄榄油，
使用黄油，即成为一道更具层次的意大利面酱，
也更能强烈感受到番茄的甜味。
因此，作为基底的这道酱汁中，
未添加额外的甜味，
是能简朴地发挥出番茄味道的食谱。

材料
培根（切成稍厚的条状）…2kg
洋葱（沿着纤维切成薄片）…2.5kg
A ┌ 番茄罐头（粗略切块）…3kg
　│ 盐…10g
　└ 黑胡椒…8g
橄榄油…150g

做法
1 于锅中加热橄榄油，放入洋葱炒至释放出甜味，将培根加入进一步拌炒。
2 培根表面炒到酥脆后，将 A 加入，炖煮 30min。

保存方法与期限
冷藏可保存 1 周。

用途

制作**番茄培根意大利面**（下记）之时，可以运用此酱作为意大利面酱。建议还可淋于简单的**法式咸派**再加热。此外，还可以混合水煮土豆制作成**可乐饼**，或者将炖煮好的酱混入白饭中，制作成**米可乐饼**也不错。

（横山英树 /（食）ましか）

以黄油润饰的番茄培根意大利面之做法　1人份

1 于锅中加热番茄培根意大利面的酱汁基底（200ml），加入黄油（50g）使之入味。
2 用热盐水煮熟意大利面（60g）并沥干水分，加入 1 中拌匀，盛盘，撒上佩科里诺奶酪＊（磨碎，10g）、黑胡椒（少许）与荷兰芹（切成碎末，少许）。

＊意大利产的羊乳硬质奶酪。

特拉帕尼糊酱

充满大蒜风味的西西里万能酱汁

以意大利西西里岛的港湾城镇
特拉帕尼之名来命名,
是组合当地特产制成的一道酱汁。
融合了大蒜强烈的味道、杏仁的浓郁、
番茄的酸味与罗勒的香气,
滋味既清爽又富有层次感。

材料

大蒜(大颗)…1 瓣
杏仁…30g
番茄 *…400g
罗勒叶…10 片
佩科里诺奶酪(磨碎)…10g
E.V. 橄榄油(意大利西西里产的弗朗托亚橄榄油)…45ml
盐…约 5g

* 使用西西里番茄(Sicilian Rouge)或是熟透的番茄。

做法

1 杏仁于热水中浸泡 3min,外皮泡涨后用手剥除。
2 番茄放入热水中 10s,立刻沾冰水,剥皮。
3 将1、大蒜、E.V. 橄榄油与盐放入搅拌机中,搅打成稍粗的糊状。
4 将2、罗勒叶与佩科里诺奶酪加入,进一步搅打成稍粗的糊状。加盐调味。

保存方法与期限

冷藏可保存 4～5 天。

用途

在意大利西西里岛的特拉帕尼,用此酱搭配**卷卷面**(螺旋状的长型意大利面)是基本用法。
为了避免番茄与罗勒受热,烹调的重点在于先将煮好的意大利面放入调理钵中,再加酱汁来拌匀。
在西西亚岛,是使用岛内努比亚村所产的小型红大蒜来制作,香气十分强烈。因为大蒜气味浓烈,因此这道意大利面有"蒜味意大利面"的别称。
虽然固定用于**意大利面**,但其实是一道万能酱汁,搭配**蔬菜**、**肉**、**鱼**等任何食材都很对味。在意大利,也会用来当**烤茄子**的酱汁。佐**蚕豆**、**四季豆**来品尝也不错。
搭配鱼的话,可选**旗鱼**、**石斑鱼**等富含油脂而肉质肥美滑嫩的白肉鱼;肉类的话,可佐于用**烤箱烘烤好的羊料理**来品味。
此外,与**油炸鱼**也很对味。
还有,这道糊酱的传统做法是不加奶酪的,不过我按照在西西里岛利卡塔的意式餐厅"Lamadia"所学的,会加入适量的佩科里诺奶酪来补足鲜味。

(永岛义国 /SALONE 2007)

法式酸辣酱
盈满香草香气的酸味酱汁

法式酸辣酱是用了酸豆、
醋与香草制成的法国传统酱汁。
其中添加了番茄的清爽酸味,
还有塔斯马尼亚产的大颗芥末,
吃起来有"啵啵啵"的口感。

材料
- 番茄（剁成粗末）…160g ⎫
- 塔斯马尼亚芥末（颗粒）…50g ⎪
- 松子（切成碎末）…35g ⎪
- 红葱头（切成碎末）…20g ⎬ A
- 酸豆（切成碎末）…10g ⎪
- 细香葱（切成碎末）…4g ⎪
- 龙蒿（切成碎末）…2g ⎭
- 油醋酱（p.197）…25g
- 盐…2g

做法
将 **A** 放入调理钵中，加入油醋酱拌匀。
加盐调味。

保存方法与期限
冷藏可保存 2 天。

用途

这是一道万能酱汁，可以搭配任何料理，比方说**冷制的法式冻**等，都十分对味。法式冻的内馅，无论是只放**蔬菜**，或是加了**海鲜类**或**肉**皆可。**裹满切丝土豆并煎得恰到好处的鱼料理**，亦可搭配此酱。
酱汁的味道清淡，特别适合搭配浓郁的食材或是加了油脂的料理。

（荒井 升 /Restaurant Hommage）

意式番茄酱（番茄、蛤蜊、泰式鱼露、香菜与酸豆）
意式料理的酱汁，利用亚洲食材来做变化

"Checca sauce"，是一种使用番茄与罗勒
制成的意式料理酱汁。
将罗勒换成香菜来做变化，
再添加蛤蜊与泰式鱼露这两种海鲜类的鲜味，
调制成能搭配海鲜类料理的酱汁。

材料
- 小番茄（剁成粗末）…2 颗
- 蛤蜊（吐完沙）…40g
- 白酒…20ml
- 酸豆…2g
- 泰式鱼露…5ml
- 香菜（剁成粗末）…1 小撮
- 大蒜（切成碎末）…1 瓣
- 橄榄油…适量

做法
1. 于平底锅中倒入橄榄油与大蒜，以中火加热。飘出大蒜香气后，将蛤蜊与白酒加入。
2. 蛤蜊的壳打开后，暂时取出。将小番茄与酸豆加入，将番茄煮至稀烂。
3. 用泰式鱼露调味，加入香菜，将蛤蜊放回锅中。

保存方法与期限
于当天使用完毕。

用途

佐于**香煎**或**盐烤的鱼料理**即可。至于鱼的种类，无论是**白肉鱼**还是**青鱼**，都十分对味。

（米山 有 /ぽつらぽつら）

墨西哥莎莎酱
辣味调味番茄丁酱

材料
番茄…300g（熟透，中型2颗）
A ┌ 香菜（切成碎末）…5g
  │ 红洋葱（切成碎末）…30g
  │ 墨西哥辣椒（醋渍，切成碎末）…15g
  └ 青柠汁…1/8 ~ 1/6颗
盐…3g

做法
1 番茄稍微烫过并冰镇后剥去外皮，切成7 ~ 8mm见方的丁状。
2 将A加入1中搅拌混合，用青柠汁与盐调味。静置2 ~ 3h使之入味。

保存方法与期限
冷藏可保存3天，但于隔天使用完毕为佳。

充满辣味的清爽调味番茄丁酱。
"Saisa"为酱汁之意，
而"Mexicana"是指墨西哥。
酱汁名称的由来，是源于此酱的
配色与墨西哥的国旗相同。

用途

除了可搭配**墨西哥玉米脆片**做成下酒菜，还可以作为**生肉薄片**的酱汁。用**牛尾鱼**或**小银绿鳍鱼**等清淡鱼类制成的料理，亦可运用此酱。

（中村浩司/Hacienda del cielo）

水果墨西哥莎莎酱
加了水果的辣味调味番茄丁酱

材料
墨西哥莎莎酱
　　…上记标示完成的全部分量
芒果（果肉）…50g

做法
1 将芒果切成7 ~ 8mm见方的丁状。
2 将1加入墨西哥莎莎酱中搅拌混合。

保存方法与期限
使用时才制作，当次使用完毕。

于辣味调味番茄丁酱中添加了芒果。
辣椒的辣味与香草的清爽风味，
能够凸显出番茄与水果独特的酸味与甜味。

用途

可搭配**墨西哥玉米脆片**做成**前菜**，亦可佐于料理来品尝。
这道食谱是加**芒果**，改加**柳橙**、**葡萄柚**等**柑橘类**，或者**麝香葡萄**等**葡萄类**也不错。
不要将各式各样的水果混在一块，仅以单一种类来调制。
要佐料理时，只添加与主食材属性相合的水果即可。
内含芒果的酱汁，与**鲷鱼**、**虾**或**比目鱼的生肉薄片**味道十分对味。

（中村浩司/Hacienda del cielo）

墨西哥鲜酱
充满香菜与小茴香香气的调味番茄丁酱

使用熟透的生番茄制成的酱汁，
于墨西哥莎莎酱（p.99）中
补加香菜与小茴香，
变化成更馥郁丰饶的酱汁。

材料
墨西哥莎莎酱
　…p.99 标示完成的全部分量
香菜（切成碎末）…少许
小茴香粉…少许
E.V. 橄榄油…30ml

做法
将所有材料放入调理钵中搅拌混合。

保存方法与期限
冷藏可保存 3 天，但于隔天使用完毕为佳。

用途

只要搭配调味辛辣的料理即可。此外，与**油脂丰富的鱼**也很对味。
不妨用来佐**乌贼**、**鲑鱼**、**鲈鱼**等的**烧烤料理**。

（中村浩司/Hacienda del cielo）

烟熏墨西哥辣椒鲜酱
加了熏制辣椒的调味番茄丁酱

于加了小茴香的调味番茄丁酱中，
添加"Chipotle"制成的酱汁。
"Chipotle"是指用番茄炖煮的烟熏红辣椒。
不仅多了辣味，还有一股令人联想到
酱油的滋味，浓郁而有深度。

材料
墨西哥鲜酱…上记标示完成的全部分量
熏制墨西哥辣椒（切成粗末）*
　…15～20g

* 熏制的熟成墨西哥辣椒（Chile Chipotle）。此处是使用罐头，辣椒腌泡于一种称为"菲式酱醋"（Adobo，以番茄为基底且加了香辣调味料）的酱汁中。

做法
将熏制墨西哥辣椒加入墨西哥鲜酱中搅拌混合。

保存方法与期限
使用时才制作，当次使用完毕。

用途

因为放了熏制墨西哥辣椒，味道浓郁有层次，不输**烧烤的鱼或肉**。鱼类、乌贼、章鱼、鸡、猪、牛等的**炭火烧烤料理**，与此酱特别契合。佐于**烤鸡肉串**，作为变化版佐料也不错。

（中村浩司/Hacienda del cielo）

烧烤章鱼 佐烟熏墨西哥辣椒鲜酱

（中村浩司 /Hacienda del cielo）

将事先氽烫章鱼的煮汁炖煮来当作酱汁，涂抹于章鱼上再进行烧烤，即可烤出馥郁的味道。配菜是烤蔬菜。

材料 1人份

- 北太平洋巨型章鱼腿 *1…1支
- 章鱼煮汁 *1…适量
- 配菜用蔬菜 *2…适量
- 烟熏墨西哥辣椒鲜酱（左页）…适量
- 胭脂树籽粉 *3…适量
- 香菜（切成碎末）…适量
- 色拉油…适量

*1 事先氽烫北太平洋巨型章鱼与其煮汁：用流水充分清洗巨型章鱼脚（1kg）。将巨型章鱼脚、酒（50ml）、浓口酱油（50ml）、昆布高汤（p.197, 500ml）放入压力锅中，加压15min。待锅冷却后，将章鱼腿取出，煮汁则炖煮至呈浓稠状为止。

*2 使用小茄子、水煮玉米、樱桃萝卜、迷你红萝卜、迷你小松菜与红芯萝卜。

*3 用胭脂树（红木）的籽制成的红色粉末状香料。无辣度，主要用于上色。

做法

1. 于巨型章鱼腿上涂抹章鱼煮汁，放入滴了色拉油的烧烤平底锅煎烤至恰到好处。
2. 将配菜用蔬菜切成方便食用的大小，放入滴了色拉油的烧烤平底锅煎烤至恰到好处。
3. 将1切成方便食用的大小，与2一起盛盘。淋上烟熏墨西哥辣椒鲜酱，撒上胭脂树籽粉，最后撒上香菜。

昂蒂布风味酱
番茄与香草的清爽酱汁

材料
番茄（中型）…1 颗
红葱头（切成碎末）…1/4 颗
大蒜（切成碎末）…1/2 瓣
鳀鱼…1 片
A ｜意大利荷兰芹叶（切成碎末）…3 枝
　｜黑橄榄（切成碎末）…3 颗
　｜油封柠檬（p.198，切成碎末）
　｜　…1/3 小匙
　｜莳萝叶（切成碎末）…适量
　｜柠檬汁…1/2 颗
　｜E.V. 橄榄油…1.5 大匙
橄榄油、盐、胡椒…各适量

做法
1 于平底锅中滴入橄榄油，以小火加热。将红葱头与大蒜放入，炒至软嫩后放冷备用。
2 将番茄去籽，切成 5mm 见方的丁状。用菜刀将鳀鱼拍打成糊状。
3 将 1、2 与 A 搅拌混合，加盐与胡椒调味。

保存方法与期限
冷藏可保存 4～5 天。

这是一道南法昂蒂布（Antibes）地区的酱汁，
大量使用了调味番茄丁与香草。
加入自制的油封柠檬，
变化成具有清爽香气
与浓郁层次的好滋味。

用途

香煎白肉鱼、**白烧星鳗**（不加任何调味料直接火烤）、**煎烤牛肉**或**鸡肉**等，无论鱼类还是肉类，皆可搭配运用。
希望能吃得更清爽的料理，只要用此酱当佐料即可。

（绀野 真 /organ）

圆茄鱼子酱
淋上油煎得黏糊糊的茄子糊

材料
茄子（中型）…7 根
A ｜油封蒜（p.110）…2 瓣
　｜鳀鱼（切成碎末）…3 片
　｜番茄干（切成碎末）…4 颗
　｜黑橄榄（切成碎末）…3 颗
橄榄油…适量
盐、胡椒…各适量

做法
1 将茄子纵切成半，用菜刀于切面划出格状切痕。并排于烤盘上，绕圈淋上橄榄油。放入 220℃的烤箱中烤 18～20min。
2 用汤匙挖出 1 的茄子肉，将 1/4 的茄子皮切成碎末，剩余的丢弃不用。
3 将 2 与 A 搅拌混合，加盐与胡椒调味。

保存方法与期限
冷藏可保存 1 周。

酱汁名称"caviard' Aubergine"
在法语中是"茄子的鱼子酱"之意。
具有嚼感，同时又不失蔬菜特有的轻盈感。
直接吃也好，佐料理来品尝也不错，
实用性超群。

用途

可与昂蒂布风味酱（上记）一起用来佐**香煎白肉鱼**（右页）。

直接摆于**长棍面包**上，也可当作一道葡萄酒的下酒菜。
搭配**烧烤**或**烟熏的青鱼料理**也不错。

（绀野 真 /organ）

香煎白肉鱼
佐昂蒂布风味酱
与圆茄鱼子酱

（绀野 真 /organ）

将比目鱼厚片煎得外皮酥脆、肉质软嫩。
佐上具清爽酸味的昂蒂布风味酱，
以及滋味浓郁的圆茄鱼子酱。

材料 1人份

- 比目鱼（鱼柳）…100g
- 昂蒂布风味酱（左页）…15ml
- 圆茄鱼子酱（左页）…50g
- 芦笋（细的）…2根
- 白萝卜…适量
- 毛豆（煮熟的）…12粒
- 西洋菜…适量
- 色拉油、橄榄油…各适量
- 盐…适量

做法

1. 于比目鱼上撒盐。于平底锅中倒入色拉油与橄榄油各一半的量，以中小火从鱼皮那面来煎比目鱼。
2. 将比目鱼的皮煎得酥脆喷香后，翻面并转为小火，鱼肉那面稍微煎煮即可取出，利用余热来加热。
3. 剥除芦笋根部较硬的皮，煮熟后切成2~3cm的长度。将白萝卜切成薄片，再用直径2cm的切模裁切，与西洋菜一起放入冷水中，使之更爽口，擦拭掉水分。
4. 于盘中铺一层昂蒂布风味酱，将2摆上去。再将西洋菜与白萝卜盛于其上。佐上圆茄鱼子酱，再以毛豆与芦笋缀饰。

洋葱酱
炒洋葱的浓郁酱汁

材料
焦糖色洋葱（p.120）…90g
A ┌ 巴萨米可醋（炖煮至呈浓稠状）…20ml
  │ 小牛高汤（p.198）…70ml
  └ 马德拉酒…适量
盐…适量

做法
1 将焦糖色洋葱倒入锅中，稍微加热。
2 散发出香气后，将 **A** 加入。若太浓稠则加水，若太稀，则从锅中取出适量的焦糖色洋葱，放入搅拌机中搅打至滑顺状态，再倒回锅中。
3 用滤网将 2 筛挤压泥，加盐调味。

保存方法与期限
冷藏可保存 3～4 天。

洋葱经过慢条斯理的拌炒，
提引出甜味后，
再加入巴萨米可醋与小牛高汤补充味道，
调制出更加浓郁又有层次的酱汁。

用途
用来佐**香煎星鳗**。
此酱与**汉堡、蔬菜镶肉**这类**肉末料理**也相当契合。

（绀野 真 / organ）

油封红洋葱
黏稠又浓郁的红洋葱果酱

材料
红洋葱…700g
绵白糖…150g
红酒…250ml
巴萨米可醋…10ml
橄榄油…适量
盐…适量

做法
1 沿着纤维将红洋葱切成薄片。于锅中加热橄榄油，将红洋葱加入，撒上盐。以中火将红洋葱炒至软嫩。
2 将绵白糖、红酒与巴萨米可醋加入 1 中炖煮。煮到用木锅铲刮锅底会留下刮痕的浓度时，离火冷却。

保存方法与期限
冷藏可保存 2 周。

于炒至软嫩的红洋葱中，
添加红酒、绵白糖与巴萨米可醋，
完成既黏稠又浓郁的果酱。

用途
我店里供应的是以此酱与**古冈佐拉奶酪慕斯酱**（p.50），一同搭配**长棍面包**（右页）。

（米山 有 / ぽつらぽつら）

洋葱香草酱

新鲜洋葱的辛辣与香草的香气，让料理吃起来更清爽

材料
- 洋葱（切成碎末）…140g
- 墨西哥辣椒（醋渍，切成碎末）…10g
- 香菜（切成碎末）…15g
- 意大利荷兰芹（切成碎末）…15g
- 百里香叶…8g
- 大蒜（切成碎末）…5g
- 青柠汁…1/2～1 颗份
- 橄榄油…50ml
- 盐…1 小撮
- 黑胡椒…少许

做法
将所有材料放入调理钵中搅拌混合，静置 2～3h，使之入味。静置一段时间，可让洋葱吸收青柠的汁液与香草的香气，会变得更加美味。

保存方法与期限
可保存至隔天，然而香草会变色，因此于制作当天就使用完毕为佳。

"Cebolla" 在西班牙语是洋葱之意。
这是一道万能的调味料，
于新鲜洋葱的辛辣味中添加香草的香气。
墨西哥将此酱作为桌上调味料，
无论何种素材或烹调方式，
无论是蔬菜还是鱼类、肉类，
皆可依喜好来搭配。

用途

希望让料理吃得更清爽时，即可添加此酱。与**烧烤蔬菜、鱼类、肉类**特别对味。在墨西哥也会用此酱来搭配**墨西哥酥饼**（用玉米等制作而成的薄饼状面团，中间夹馅料与奶酪的煎烤料理）。亦可用来当**热狗、三明治**与**汉堡**的佐料。

（中村浩司/Hacienda del cielo）

古冈佐拉奶酪慕斯酱与油封红洋葱

（米山 有/ぽつらぽつら）

用古冈佐拉奶酪慕斯酱与油封红洋葱一起盛盘，佐上烤得酥酥脆脆的长棍面包，作为一道前菜，是能令人红酒一杯接着一杯的佳肴。
（做法→p.51）

酪梨鲜酱
发源于墨西哥的酪梨蘸酱

材料

酪梨…2颗
A ┌ 香菜（切成碎末）…1小匙
  │ 红洋葱（切成碎末）…3小匙
  │ 墨西哥辣椒（醋渍，切成碎末）
  │ …1小匙
  └ 番茄（切成粗末）…1大匙
青柠汁…1/4颗份
盐…适量

做法

1 将酪梨削皮去核，放入调理钵中。用打蛋器压碎成较粗的糊状。
2 将 A 加入 1 中搅拌混合，用青柠汁与盐调味。

保存方法与期限

使用时才制作，当次使用完毕。

这就是人人皆知的墨西哥酪梨蘸酱。
大多会运用来佐墨西哥玉米脆片
或长棍面包作为前菜，
不过此酱其实是一道万能蘸酱。
与肉类、鱼类、蔬菜等任何食材都对味。

用途

用于佐**墨西哥玉米脆片**或**面包**，即可成为一道**前菜**。此外，作为酱汁来搭配**烧烤鸡肉**的用法，是在墨西哥最常见到的用法。建议可将**鲔鱼生鱼片**做成**腌鲔鱼**来炙烤，搅拌混入酪梨莎莎酱中，作为前菜或酒肴。
酪梨莎莎酱本身味道完整，
因此适合用于混入各式各样的素材来做变化。
不妨与**水果**或**坚果**混合（右页），
或是拌入**蔬菜**或**香草**来使用。
请选用与搭配料理的主食材属性相合的素材来混合。

（中村浩司 /Hacienda del cielo）

专栏　向墨西哥料理学习，酱汁与蘸酱之延伸

酪梨鲜酱（上记）
　+水果 → 水果酪梨莎莎酱（右页）
　+坚果 → 核桃酪梨莎莎酱（右页）

墨西哥莎莎酱（p.99）
　+水果 → 水果墨西哥莎莎酱（p.99）
　+香草 → 墨西哥鲜酱（p.100）
　+辣椒 → 烟熏墨西哥辣椒鲜酱（p.100）

墨西哥料理中，所谓的"莎莎酱"是指能搭配各式料理的蘸酱或酱汁。在日本最受欢迎的应该是酪梨蘸酱，也就是酪梨鲜酱（上记）。本书收录的墨西哥莎莎酱（p.99），是调味番茄丁制成的酱汁，为莎莎酱之代表。

每一道酱汁都可以加入水果、坚果、香草或辣椒来做变化。这种以蔬菜的酱汁或蘸酱中添加素材来扩展的智慧，十分值得参考，这种方式可让酱汁＆蘸酱的世界更加宽广。

水果酪梨莎莎酱

于酪梨蘸酱中增添水果

酪梨莎莎酱与水果非常对味,
这在墨西哥是基本吃法。
与3~4种柑橘、莓果、
热带水果等搅拌混合,
做成水果沙拉来食用也不错。

材料 1人份
酪梨鲜酱…左页标示完成的全部分量
水果…以下加在一起,取 40～50g
　草莓…适量
　芒果…适量
　菠萝…适量
　蓝莓…适量
　葡萄柚…适量

做法
1 去除水果的皮、籽、蒂头等不能食用的部位,切成5mm见方的丁状。
2 将水果加入酪梨鲜酱中搅拌混合。

保存方法与期限
使用时才制作,当次使用完毕。

用途

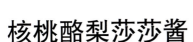

建议作为**水果沙拉**直接品尝,与任何水果搭配混合皆可。搭配料理之际,请选用与主食材属性相合的水果。
比方说,这道食谱可搭配**虾**或**螃蟹**等**甲壳类料理**;加入**柳橙**的话,可搭配**章鱼**;若是加**麝香葡萄**或**青柠檬**(果肉),则与**乌贼**料理十分对味。

(中村浩司/Hacienda del cielo)

核桃酪梨莎莎酱

加了坚果的酪梨蘸酱

添加坚果与水果干的酪梨莎莎酱,
在墨西哥也是很受欢迎的蘸酱。
混合任何坚果与水果干皆可,
如果要搭配料理,
则选用与主食材属性相合的素材即可。

材料 1人份
酪梨鲜酱…左页标示完成的全部分量
半干水果干…以下加在一起,取20g
　无花果干…适量
　杏子干…适量
　葡萄干…适量
　小红莓…适量
坚果…以下加在一起,取20g
　胡桃…适量
　杏仁…适量

做法
1 将无花果干与杏子干用手撕碎成喜好的大小。胡桃与杏仁则压碎成粗粒。
2 将1与所有其他材料搅拌混合。

保存方法与期限
使用时才制作,当次使用完毕。

用途

可佐于**面包**与**墨西哥玉米脆片**,或是搭配**肉类料理**也不错。此酱的配方与**烤牛肉**也相当对味。若要搭配**烤鸭**或**鹅肝法式冻**,只需加入**胡桃**与**杏仁**;若要搭配**猪肉**,则仅混合**松子**即可。

(中村浩司/Hacienda del cielo)

酪梨莎莎酱

入口即化的精致蘸酱

将墨西哥料理的酪梨蘸酱
转变成法式料理风味。
酪梨切成小丁状,于口中融化时充满奶味。
与味道总是冲击性十足的墨西哥料理形成对比,
是一道细腻的酪梨莎莎酱。

材料
酪梨(切成5mm见方的丁状)…1/2颗
红葱头(切成碎末)…30g
柠檬汁…3g
红椒粉…2小撮
盐…适量

做法
将材料放入调理钵中搅拌混合。

保存方法与期限
于当天使用完毕。

用途

这是一道与各式肉类都很对味的酱汁。就像**"藁烧鸭,佐酪梨莎莎酱与巧克力酱"**(下记)这道料理,与**煎烤的鸟类**相当对味,还可广泛地与**猪、牛、羊、兔**等肉类做结合。
搭配这些肉类的炖料理应该也不错。
此外,不妨配上**螃蟹、鲔鱼、白肉鱼**的鞑靼料理*、**虾**等,做成前菜,或者佐生肉薄片也不错。

(荒井 升/Restaurant Hommage)

* Tartare,一种生肉料理,以生牛肉居多。通常是于生肉末上搭配一颗生蛋、碎洋葱等。

藁烧鸭佐酪梨莎莎酱与巧克力酱
(荒井 升/Restaurant Hommage)

这是一道以干稻草(即所谓的"藁")熏烤的鸭肉料理,佐上含咖哩粉的巧克力酱与酪梨莎莎酱。
墨西哥料理"莫雷酱炖鸡",是用放了巧克力的酱汁来炖煮鸡肉;
而这道料理则是以法式料理的观点来重新诠释。

材料 4人份
鸭胸肉…1片
酪梨莎莎酱(上记)…80g
洋葱(切成碎末)…适量
番茄(切成2~3mm的丁状)…适量
芝麻菜…4枝
巧克力酱
  巧克力…5g
  巴萨米可醋…100ml
  咖哩粉…1小撮
  鸡高汤(p.20)…100ml
  奶油…5g
干稻草…1小把
埃斯普莱特辣椒粉[*1]…适量
色拉油、盐、胡椒…各适量

[*1] 法国巴斯克地区的埃斯普莱特村所产的红辣椒粉。

做法
1 煎煮鸭肉。
① 于平底锅中滴入色拉油,以中火加热。将鸭胸肉带皮那面朝下放入平底锅,煎出色泽后再翻面。
② 鸭肉那面也煎至上色后,移至上火式明火烤箱。带皮那面烤90s后,置于温暖处熟成5min,鸭肉那面也依此法烤过并静置熟成。再次进行此步骤,重复2次。
③ 用铝箔纸包覆,置于温暖处熟成40min左右。
2 制作巧克力酱。加热巴萨米可醋,巧克力加入溶解。将鸡高汤与咖哩粉加入,炖煮至表面出现如镜面般的光泽且呈浓稠状为止。加入奶油搅拌使之乳化,加盐与胡椒调味。
3 用干稻草烟熏烤好的鸭肉。
① 将干稻草铺于炒锅的锅底,上头摆一个比锅口口径更大的烤网,以火加热。
② 当干稻草冒出烟后,将 **1** 的鸭肉置于烤网上。用调理钵作为盖子,上下颠倒盖住,让鸭肉接触烟90s。
4 分切 **3** 的鸭肉,每人分量为20g,盛盘并撒上胡椒。佐上酪梨莎莎酱,上方摆洋葱、番茄与芝麻菜,再撒上埃斯普莱特辣椒粉。将 **2** 的巧克力酱点缀于盘子上的两处地方,呈圆点状。

红椒泥酱

浓缩红椒的浓郁鲜味

唯独红椒才能释放出的浓郁滋味
是这道酱汁的关键。
若用红甜椒，酱汁会变得过稀。
此外，不用烤网烧烤红椒，
而是用蒸烤方式再剥皮，
即可提引出无烤焦味的纯粹香气与味道。

材料

红椒…5～6个
油封蒜*…2瓣
E.V. 橄榄油…5ml
盐…适量

* 用油脂烹煮鸭肉，进行油封之际，取出加入油脂中的大蒜，留下备用。如果没有，可依照下记方式来制作。将剥皮的大蒜（适量）放入锅中，倒入差不多可盖过大蒜的橄榄油，以小火加热。煮15min左右，直到大蒜软嫩到可用手指轻易压碎的程度为止。

做法

1. 铝箔纸对折，将红椒全部放入，再将铝箔纸的三个边等分往内折，包覆起来。
2. 将1放入180℃的烤箱中加热20min，以蒸烤方式处理红椒。
3. 轻轻打开铝箔纸，将积于内部的汤汁取出备用。剥除红椒外皮，对切成半，去除蒂头与籽。此时从果肉中流出的汁液也留下备用。
4. 将3的果肉与汁液、油封蒜、E.V.橄榄油与盐放入食物调理机中，搅打成泥状，用圆锥漏勺筛挤过滤。

保存方法与期限

冷藏可保存4天，冷冻可保存15天。

用途

用于"**烟熏鸡胸肉佐红椒冻**"、
"**法式猪肉卷佐红椒泥酱**"（两者皆如右页）。
鸡胸肉或烤猪肉、
快速**烧烤过的扇贝贝柱**等料理与此酱都很对味。

（绀野 真/organ）

专栏 蔬菜泥酱之延伸

红椒泥酱的延伸例子

 红椒泥酱（上记）

→ 直接作为酱汁 → 法式猪肉卷佐红椒泥酱（右页）

→ +吉利丁作成冻酱 →  烟熏鸡胸肉佐红椒冻（右页）

+鲜奶油与吉利丁，制成慕斯酱 ↓

 红椒慕斯酱（p.112）

→ 佐于料理 → 烤扇贝佐红椒慕斯酱与布瑞达奶酪（p.112）

"蔬菜泥"是可以随心所欲来运用的元素，既可作为酱汁，亦可用高汤或鸡汤稀释作为汤品。若进一步加入打发的鲜奶油与吉利丁，即可变成松软又入口即化的慕斯酱。与泥酱一样，可作为酱汁来搭配料理，亦可活用来制作前菜。本书中收录了红椒泥酱（上记）与玉米泥酱（p.121）的食谱。这种技巧可轻易地活用来处理各式蔬菜。

烟熏鸡胸肉佐红椒冻

（绀野 真 /organ）

这道是一道冷盘前菜，
湿嫩的烟熏鸡胸肉，佐上红椒冻。
令人联想到红色鱼板的外观，
趣味性自然不在话下，
这样的安排下还能以完美的比例
均匀地享用冻酱与肉片。
（做法→p.195）

法式猪肉卷佐红椒泥酱

（绀野 真 /organ）

用盐渍的猪五花肉片包裹绞肉馅，
煎成猪肉卷，再以红椒泥酱作为佐酱。
将红椒粉加入绞肉馅中，
配菜则使用巴斯克炖红椒（Piperade）。
3种元素里皆使用了红椒这个共同要素，
由此营造出整体感。
（做法→p.196）

红椒慕斯酱

滑顺的口感与浓郁的鲜味

于浓缩了红椒甜味与鲜味的泥酱中,
添加打发的鲜奶油,
制成口感滑顺的慕斯酱。

材料

红椒泥酱(p.110)…300g
吉利丁片…6g
鲜奶油(乳脂成分 38%)…100g
盐…适量

做法

1 将红椒泥酱放入锅中,以中火加热,将用水泡软的吉利丁片加入溶解。连锅一起接触冰水冷却,用打蛋器搅拌混合至呈浓稠状为止。
2 将打发至 7 分程度的鲜奶油,分 2 ~ 3 次加入 1 中搅拌混合,加盐调味。

保存方法与期限

由于气泡容易破裂消泡,放置太久会塌陷,因此使用时才制作,并尽快使用完。

用途

此酱与加热至呈现湿嫩质感的**肉类**、**海鲜类**十分契合,像是快速**烧烤过的扇贝柱**、**水煮的白肉鱼**、**蒸煮或烟熏的鸡胸肉**、**半熟的虾**等料理与此酱很对味。

(绀野 真 /organ)

烤扇贝佐红椒慕斯酱与布瑞达奶酪

(绀野 真 /organ)

这道料理是运用红椒慕斯酱与红椒汁来品尝扇贝与新鲜奶酪。
慕斯酱的浓郁以及红椒汁的清爽鲜味,
皆可凸显出扇贝的湿润口感以及奶酪的滑润感。

材料 1 人份

扇贝柱…1 个
红椒慕斯酱(上记)…25g
布瑞达奶酪 *1…30g
柠檬…适量
黄甜椒…适量
松子…8 粒

A ┌ 红椒汁 *2…40ml
  │ 蛤蜊煮汁 *3…40ml
  │ 柠檬汁…少许
  └ E.V. 橄榄油…少许

B ┌ 油封柠檬(p.198,切小块)…适量
  │ 红椒(剥皮,切成 5mm 的丁状)
  │ …适量
  │ 莳萝…适量
  └ 盐、E.V. 橄榄油…各适量

*1 一种新鲜奶酪,类似意大利产的莫扎瑞拉奶酪。
*2 制作红椒泥酱(p.110)之际,红椒经蒸烤而释出的汁液。
*3 蛤蜊煮汁的做法:将水与蛤蜊放入锅中加热,熬煮 1h 并过滤。

做法

1 用喷火枪炙烤扇贝柱的表面。挤柠檬汁淋于其上,轻撒些盐与 E.V. 橄榄油。
2 将黄甜椒置于烤网上以明火烤,沾冷水来剥皮。切丝并轻撒些盐。松子则用平底锅加以干炒。
3 将 A 的材料搅拌混合,倒入器皿中。
4 将 1、红椒慕斯酱与布瑞达奶酪盛盘,撒上盐,接着撒上 2 与 B。佐上 3 来供应,于顾客面前倒入盘中。

辣椒酱

蕴藏于辛辣深处的浓郁与香气

这是一道发挥了辣椒微苦滋味的酱汁。
拌炒时，炒到微烧焦，藉此带出香气，
提引出辣椒本身的浓郁味道。
进一步再以红辣椒油来增加辣度，
强调味道的层次。

材料
辣椒…1kg
洋葱（与纤维垂直切成薄片）…300g
辣椒油…5g
鲜奶油（乳脂成分35%）…100g
色拉油…少许

* 辣椒油的做法：将红辣椒（新鲜的）与橄榄油放入调理钵中，用手持式搅拌棒来搅打。熟成1周左右。

做法
1 去除辣椒的蒂头与籽，大致切成2cm左右的长度。
2 将色拉油滴入平底锅中，以大火来炒 1。拌炒之际用锅铲按压，使辣椒贴在平底锅上，炒出些微焦色。
3 移放至调理钵中，接触冰块冰镇来定色。
4 将色拉油滴入另一个平底锅中，以小火来炒洋葱，避免过度上色。待甜味释出后，移放至调理钵中冷却。
5 将3、4、辣椒油与鲜奶油放入调理钵中。用手持式搅拌棒搅打成糊状，仅残留些许万愿寺辣椒的口感。

保存方法与期限
冷藏可保存1周，冷冻可保存3个月。

用途

此酱与煮熟的**青鱼**属性相合，因此大多会用来结合**油封香鱼**或**鲣鱼**等**烧烤料理**。酱汁不妨冰镇备用，摆于热的鱼上方，即可享受两者带来的温度差。
作为蘸酱佐以**生菜**或与**甜虾**拌匀，或是作为**天使细发面**的酱汁都很不错。

（横山英树／(食)ましか）

菜花泥酱
品尝菜花的浓郁与鲜味

这道泥酱是透过将菜花煮至软烂，
彻底提引出其滋味。
尽管风味温和，
却具有浓郁的层次与扎实的鲜味，
直接品尝也美味无比。

材料
- A
  - 菜花（剥开成小朵状）…400g
  - 黄油…40g
  - 水…600ml
  - 鲜奶油（乳脂成分38%）…80g
- 盐…适量

做法
1. 将A放入锅中加热。待菜花变软后，边煮边用木锅铲压碎。
2. 当菜花变成泥状后，放入食物调理机中，搅打至滑顺为止。加入鲜奶油拌匀，加盐调味。

保存方法与期限
于当日使用完毕为佳，不过冷藏也可保存2天。

用途

用此酱与格勒诺布尔风黄油酱（p.61）一起佐以**黄油香煎鳕鱼**。另添加贝类的汤汁来搭配**蒸煮的高丽菜**也很对味。此外，撒了**小茴香**来烤的**鸡胸肉**这类充满香料滋味的料理或**咖哩**皆可佐上此酱。

（绀野 真 /organ）

菜花与西蓝花蘸酱
发挥大蒜味，衬托出两种蔬菜的味道

这道蘸酱结合了外形相似
但滋味各异的菜花与西蓝花。
发挥大蒜风味，
由此分别衬托出西蓝花的翠绿，
以及菜花的浓郁。

材料
- 菜花（剥开成小朵状）…100g
- 西蓝花（剥开成小朵状）…100g
- 生火腿…30g
- 大蒜（切成碎末）…1瓣
- 鹰爪辣椒…1根
- 橄榄油…30ml
- 墨西哥辣椒酱（市售品）…10ml
- 盐…适量

做法
1. 菜花与西蓝花分别用热盐水煮熟。西蓝花若煮太长时间，颜色容易变差，因此要用大火于短时间内煮熟。
2. 将生火腿、大蒜、鹰爪辣椒与橄榄油倒入平底锅中，以中火加热。飘出香气后，将1加入煎煮。
3. 待菜花与西蓝花煎软后，用木锅铲粗略压碎，再加入墨西哥辣椒酱。

保存方法与期限
冷藏可保存1周。

用途

佐**长棍面包、蔬菜棒**或**熟食蔬菜**即可。

（米山 有 /ぽつらぽつら）

煎烤四季豆泥酱

品味煎四季豆的香气

材料
四季豆…300g
E.V. 橄榄油…20ml
橄榄油…适量
盐…适量

做法
1 四季豆用热盐水煮3min,放入滤勺中冷却。不要泡冷水以免水分过多。
2 使1蘸裹橄榄油,放入加热好的平底锅中,煎烤至恰到好处。事先裹好油,即可用最低限度的油来煎烤,完成品的味道中就不会释出杂味。
3 将2与E.V.橄榄油倒入调理钵中,用手持式搅拌棒搅打成泥状。加盐调味。

保存方法与期限
冷藏可保存2～3天。

这是一道泥酱,可同时品尝
煎烤四季豆的滋味与香气。
事先煮熟后,不要泡水;
仅靠事先于四季豆外蘸裹的一层油来煎煮,
这种细节处的用心能浓缩豆类鲜美滋味
而不会出杂味。

用途

这是一道可随处运用于各式料理中的泥酱。用于蔬菜的话,与**番茄**或**甜椒**等带甜味的蔬菜十分对味,结合**番茄酱**来使用也不错。

与**海鲜类**的属性特别契合,像是**章鱼**、**白肉鱼**、**鲔鱼**等。可结合各种鱼类来品尝。

佐**肉类**来享用也不错,无论是**蒸煮**还是**煎烤**都很对味。
用来佐**章鱼意大利面**料理也不错。

（冈野裕太 /IL TEATRINO DA SALONE）

意式综合沙拉
（章鱼、四季豆、土豆、绿橄榄）

（冈野裕太 /ILTEATRINQ DA SALONE）

重新诠释拿波里的平民经典料理:"章鱼四季豆土豆沙拉"。
将煎烤四季豆泥酱与柠檬汁作为酱汁,
品尝章鱼与土豆的新式吃法。

材料 1人份
北太平洋巨型章鱼腿*…2条
煎烤四季豆泥酱（上记）…适量
土豆…适量
柠檬…1/4颗
橄榄…4颗
意大利荷兰芹（剁碎）…适量

* 章鱼的事前处理：充分清洗章鱼,与适量的红酒及酒的软木塞一起真空包装,用65℃的热水隔水加热3h。将软木塞加入是因为意大利的一种说法,据说这么做可以让章鱼变得软嫩。

做法
1 将章鱼腿纵切成半,并于切面划出较深的格状切痕,方便品尝。
2 将土豆削皮,切成1cm的厚度来煮。切除柠檬的两端。
3 将1的章鱼与2的土豆盛盘,再佐上煎烤四季豆泥酱与2的柠檬。撒上橄榄与意大利荷兰芹。

鹰嘴豆糊酱

添加意大利培根与提味蔬菜的香气

这道糊酱加了煎得恰到好处的
意大利培根与提味蔬菜,
由此提引出鹰嘴豆饱满的风味。
味道极具深度,
就算只是涂于面包的简单吃法,
也足以令人心满意足。

材料
鹰嘴豆(干燥)…250g
A [大蒜…3 瓣
    月桂叶…2 片
    盐…7.5g
    水…1.5L]
意大利培根(切成丁状)…100g
大蒜…3 瓣
芹菜…70g
橄榄油…适量
黑胡椒…适量

做法
1 将鹰嘴豆放入大量的水中浸泡一晚。
2 将 1 的水沥干,与 A 一起放入锅中加热。煮沸后转为小火,煮至鹰嘴豆柔软为止。
3 于另一个锅中加热橄榄油,加入大蒜炒至散发出香气后,再将意大利培根与芹菜加入。
4 意大利培根煎出恰到好处的色泽后,将 2 的鹰嘴豆与煮汁(适量)加入,炖煮片刻,使之入味。
5 将 4 放入搅拌机中,搅打至滑顺为止。利用煮汁的量来调整浓稠度。加黑胡椒调味。

保存方法与期限
冷藏可保存 1 周。

用途
基本用法是涂抹于烤好的**面包**,做成**意式开胃小点**;在食用豆类相当频繁的拿波里,也会用此酱作为**意大利面酱**。这种时候,可从事先煮好的鹰嘴豆中取出一部分备用,作为意大利面的配料。

(冈野裕太 /IL TEATRINO DA SALONE)

山椒鹰嘴豆糊酱

添加山椒的鹰嘴豆糊

材料
鹰嘴豆（干燥）…475g
A ┌ 山椒…7g
  │ 高汤（p.197）…200ml
  └ 鸡汤（p.198）…400ml

* 先从山椒枝干上取下果实，再用热水煮3～4min，于冷水中浸泡半天，去除浮沫后来使用。

做法
1 将鹰嘴豆放入大量的水中浸泡一晚。
2 将 1 的水沥干，与 A 一起放入铁锅中。盖上锅盖，放入200℃的烤箱中，加热1h左右直到豆子变软为止。
3 将 2 过滤，煮汁留下备用。将鹰嘴豆与山椒放入搅拌机中，加入适量的煮汁，搅打成糊状为止。

保存方法与期限
冷藏可保存4～5天。

鹰嘴豆泥是中东常吃的鹰嘴豆蘸酱。
原是使用大蒜与白芝麻糊，
使用山椒来取代，
味道变得与日本酒或葡萄酒都很契合。

用途
可直接用来当作**酒肴**，
佐**蔬菜棒**也不错。
（米山 有／ぽつらぽつら）

扁豆明太子蘸酱

将粗略压碎的扁豆加入明太子蛋黄酱中混合

材料
扁豆（附豆荚）…200g
明太子…75g
蛋黄酱…60g
盐…适量

做法
1 扁豆直接以豆荚的状态放入热盐水中煮。豆子煮熟后，浸泡冰水冰镇。
2 将扁豆从豆荚中剥下，用滤网粗略筛挤压至有碎粒残留的程度。
3 将 2、去除外皮的明太子与蛋黄酱搅拌混合。

保存方法与期限
冷藏可保存4～5天。

扁豆的翠绿清香与明太子的辛辣
是相当绝妙的组合。
改用扁豆以外的青豆子，
像是蚕豆或毛豆等也无妨。

用途
可直接食用，
或是佐**长棍面包**来品尝也不错。
将蛋黄酱与扁豆明太子蘸酱依序涂抹于擀成薄皮的比萨面皮上，并撒上煮熟的扁豆，烤至恰到好处，即是一道**比萨**，用来作为下酒菜再适合不过。
（米山 有／ぽつらぽつら）

Part **6** 蔬菜&豆类

玉米调味酱

利用香料来发挥出甘甜香气与辣味，调制出异国风味

这道充满异国风味的调味酱，是于玉米的温和风味中添加了辣味与甘甜香气。留下了部分的玉米颗粒，口感上更为丰富。

材料
- 玉米…1根
- 黄油…8g
- 焦糖色洋葱[*1]…45g
- 香料
  - 红椒粉…少许
  - 姜黄粉…少许
  - 肉豆蔻粉…少许
  - 卡宴辣椒粉…少许
  - 小豆蔻（将整颗粗略压碎）…少许
- 提味蔬菜[*2]…适量
- 盐…适量

做法
1. 将带叶的玉米直接放入加了提味蔬菜的热水中煮。煮熟后取出，用菜刀自玉米芯处将玉米粒切下。
2. 将黄油放入锅中，以小火加热。将1加入拌炒，当水分炒干后，加入焦糖色洋葱与香料。
3. 散发出香气后，取出放冷，用搅拌机或菜刀将1/2～2/3的量切成碎末状。与保留颗粒状的玉米粒搅拌混合，加盐调味。

保存方法与期限
冷藏可保存4～5天。

*1 焦糖色洋葱的做法：于锅中加热色拉油（适量），将切成薄片的洋葱（4颗）、压碎的大蒜（2瓣）放入，盖上锅盖，以小火煮，途中持续搅拌以避免烧焦，加热约1h。
*2 洋葱、红萝卜、芹菜、荷兰芹的茎梗等。

用途

这道酱汁将香料的特点发挥得淋漓尽致，因此与味道较强烈的特色料理十分对味，像是**炙烤星鳗**或是**鹅肝法式冻**等。

（绀野 真/organ）

酱汁&蘸酱 Collection 6　鱼肉蔬菜都对味的**万能酱汁**篇

增添香气

- **荷兰芹青酱**（p.64）
  于意大利荷兰芹中添加鳀鱼与酸豆，调制成香气清爽的酱汁。

- **罗美斯扣酱**（p.95）

  用甜椒、番茄、坚果制作而成，是西班牙加泰罗尼亚地区的酱汁。

吃得更清爽

增添浓郁度

补足鲜味

- **法式酸辣酱**（p.98）

  加了酸豆、香草、番茄与大颗芥末的酸味酱汁。

- **洋葱香草酱**（p.105）

  结合新鲜洋葱与香草的酱汁；与油腻的肉、鱼或烤蔬菜相当对味。

- **酪梨鲜酱**（p.106）
  发源于墨西哥的酪梨蘸酱。实际上也可作为肉、鱼类料理或烧烤蔬菜的酱汁。

- **特拉帕尼糊酱**（p.97）

  用大蒜、杏仁、番茄与罗勒制作而成的西西里岛酱汁。

- **鳀鱼酒醋酱**（p.16）

  这是一道加了鳀鱼的油醋酱。当然很适合搭配沙拉，甚至佐以肉、鱼或蔬菜料理也不错。

玉米泥酱

玉米本身的鲜甜滋味

慢慢地将玉米炖煮成泥状。
不加入高汤等汤汁，
直接提引出玉米本身的甜味与鲜味。

材料
玉米…2根
黄油…30g
水…适量

做法
1 用菜刀自玉米芯处将玉米粒切下。
2 于锅中放入黄油，将 1 加入拌炒，避免炒出焦色。待散发出芬芳香气后，加入差不多能盖过玉米粒的水量，以小火煮约30min，直到玉米粒的外皮软嫩为止。
3 将 2 放入搅拌机中，搅打成泥状后，用圆锥漏勺筛挤过滤。

保存方法与期限
冷藏可保存3～4天。

用途

如加入高汤或牛奶与鲜奶油来稀释，就成了**玉米浓汤**。可将**清汤**冰镇凝结成冻状，再用此酱淋于其上；亦可结合**土豆冷汤**（**Vichyssoise**）做成双色汤品。制作时未添加高汤等汤汁，因此可以延伸来制作**甜点**。

（绀野 真 /organ）

玉米慕斯酱

打发的鲜奶油可烘托出玉米的甜味

将打发的鲜奶油加入玉米泥酱中，
制成慕斯酱。
鲜奶油的圆润口感可衬托出玉米的甜味。

材料
玉米泥酱（上记）…300g
吉利丁片…6g
鲜奶油（乳脂成分38%）…100g

做法
1 将玉米泥酱倒入锅中，以中火加热，将用水泡软的吉利丁片加入溶解。连锅一起接触冰水冰镇，用打蛋器搅拌混合至呈湿稠状为止。
2 将打发至7分程度的鲜奶油，分2～3次加入 1 中搅拌混合。

保存方法与期限
由于气泡容易破裂消泡，放置太久会塌陷，因此使用时才制作，并尽快使用完毕。

用途

结合玉米调味酱（左页），
一起搭配炙烤星鳗或是**鹅肝法式冻**
这类味道较强烈的特色料理。
与烧烤红椒也很对味。

（绀野 真 /organ）

Part**6** 蔬菜&豆类

酸梅芝麻萝卜泥

于白萝卜泥中添加偏甜的酸梅与芝麻

味道虽然清淡，
却很适合闷热的夏天。
在稍微挤掉水分的萝卜泥中混合了
剁碎的微甜酸梅肉与芝麻。

材料
白萝卜泥…100g
酸梅…3 颗
白芝麻粉…2 大匙
浓口酱油…15ml

做法
1 稍微挤掉白萝卜泥的水分。挑选稍微偏甜的酸梅，去核后用菜刀剁碎。
2 将 1 与其他材料搅拌混合。

保存方法与期限
冷藏保存，于 1～2 天内使用完毕。

用途

摆于**生鲜海鲜**类上面，或是佐**生鱼片**来运用。此外，此酱与**凉拌猪肉片**、**水煮鸡柳**、**牛肉**等肉类也很对味。亦可用来当**炙烤鲫鱼**或**鲫鱼片**的佐料。
此酱适合与脂肪多的食材搭配；若增加酱油的分量，也可以成为一道**拌酱**。

（中山幸三／幸せ三昧）

柚子胡椒白萝卜果醋酱

加了柚子胡椒酱的白萝卜果醋酱，是冬季料理的好帮手

于白萝卜泥中添加果醋，
再用柚子胡椒酱来增添辣味。
这道白萝卜调味酱是冬季常用的料理帮手，
可作为锅类料理或生鱼片的佐料。

材料
白萝卜泥…3 大匙
果醋（p.197）…100ml
柚子胡椒酱…1/2 小匙

做法
1 稍微挤掉白萝卜泥的水分。
2 将果醋与柚子胡椒酱加入 1 中，充分搅拌混合。

保存方法与期限
冷藏可保存 1～2 天。

用途

与酸梅芝麻萝卜泥的用途几乎相同，不过这道是**适合冬季**料理的白萝卜泥。
请用来当**海鳗鱼片**、**鲷鱼片**或**鲫鱼片**的佐料。此外，也可以淋于**酒蒸鲷鱼下巴**来享用。

（中山幸三／幸せ三昧）

黄瓜醋酱

黄瓜的绿色成就一道无比鲜艳的混合酱

材料
黄瓜…1根
A [米醋…15ml
　　砂糖…1小匙
　　太白胡麻油…5ml]

做法
1 将黄瓜磨成泥，稍微将水分挤掉。
2 将 A 搅拌混合，再将 1 加入。

保存方法与期限
隔天后会开始褪色，因此于当天使用完毕。

这道翠绿漂亮的混合醋，
是将黄瓜泥与太白胡麻油，
加入甜醋中调制而成。
添加少许的麻油使之乳化，
藉此让成品更滑顺。

用途

氽烫章鱼生鱼片、扇贝、炙烧鲣鱼生鱼片，用此酱淋上或摆于其上即可。此外，与味道清淡的鸡柳或鸡胸肉的水煮料理也很对味。

（中山幸三／幸せ三昧）

黄瓜酸豆酱

藉由酸豆的酸味，进一步提高黄瓜的清凉感

材料
黄瓜…500g
盐…8g
A [酸豆（醋渍，切成粗末）…100g
　　香蒜鳀鱼酱（p.66）…100g
　　E.V. 橄榄油…80g]

做法
1 将黄瓜粗略切块，与盐一起放入食物调理机中，搅打成粗末。静置1h，使盐入味。
2 拧挤出水分，放入调理钵中。将 A 加入充分搅拌。

保存方法与期限
冷藏可保存1周。

这道酱汁是将酸豆与黄瓜结合，
其酸味可提升清凉感。
藉由添加的香蒜鳀鱼酱（p.66）
来增加浓郁度，并可使酱料更容易乳化。
清爽的绿色衬托其他食材的颜色，
即可构成色彩诱人的一道道料理。

用途

此酱与**鳗鱼**或**海鳗**十分契合，佐**白烧鳗鱼**简直绝配。依喜好添加柠檬汁，即成更加清爽的滋味。若是增加酸豆的分量并加醋，则可应用来**腌渍章鱼**。或者，当作调味料加入**土豆沙拉**，调制出充满清凉感的好味道。

（横山英树／（食）ましか）

Part 6 蔬菜&豆类

秋葵芡汁

加了秋葵的温热银芡汁*

＊为葛粉芡汁的一种,是于葛粉芡汁中添加淡口酱油,颜色较为清透故有此名。

用于夏季料理的温热芡汁。
银芡汁汤汁中混合了
剁成细末的秋葵。

材料
银芡汤汁…自下列分量中取 100ml
　高汤（p.197）…160ml
　淡口酱油…10ml
　味啉…10ml
秋葵…3 根
葛粉水、盐…各适量

做法
1 于秋葵上撒盐,置于砧板上用手转动,再用热水快速汆烫。纵切成半,去籽与内部的白筋,用菜刀剁成细末。
2 将银芡汤汁的材料混合后,开火加热。
3 当 2 煮滚后,将 1 与银芡汤汁搅拌混合,再加入葛粉水勾芡。依需求来调整浓度。

保存方法与期限
使用时才制作,当次使用完毕。

用途
用来淋于**茶碗蒸**上,秋葵与梅子的味道契合,因此与**梅子茶碗蒸**尤其对味。亦可淋于**烧烤料理**或**蒸煮料理**上。在勾芡前,也可以用来拌入"**碎海鳗汤（食材磨碎再加汤汁稀释煮成）**"中。

（中山幸三 / 幸せ三昧）

土豆泥

运用粉吹芋*的要领,制作出黏糊糊的泥状

＊土豆煮熟后,倒掉锅中热水,在锅中不断摇晃土豆,直到水气充分蒸散,表面出现粉状。

完成黄油充分入味的状态,
那么咸味不明显也无妨。
适合使用黏性较大的土豆品种,
挑选较甜的成熟土豆来制作就会很美味。

材料
土豆…1kg
黄油…200g
盐…5g
水…适量

做法
1 将土豆削皮,切成约 1cm 见方的丁状。
2 将 1 放入锅中,注入土豆可稍微浮出水面的水量。加入盐,盖上锅盖加热。
3 用中火加热至土豆中心熟透。土豆煮软后,掀开锅盖,进一步加热煮至水分收干。
4 加入黄油,充分搅拌混合使之入味。完成品呈现四处仍留有小块状的状态。

保存方法与期限
冷藏可保存 2～3 天,冷冻可保存 1 周。

用途
此酱大多用来作为**烤鱼**的配菜。
亦可用来铺于味道较强烈的炖料理下方,像是**红酒炖牛颊**等。
细分成几等分,用保鲜膜包覆并冷冻备用,那么只要用微波炉加热一下即可使用,十分方便。

（横山英树 /（食）ましか）

嫩姜冰沙

爽口的淡桃色刺激

这道冰沙酱充满嫩姜的清凉感
并且辣味十足。
于萃取出精华的煮汁中添加柠檬汁,
即可调制出漂亮的淡粉红色。
保存性高,
因此可于嫩姜上市期间一次制作起来。

材料
嫩姜…2kg
海藻糖…50g
柠檬汁…80g
水…1L

做法
1 将嫩姜与少许的水（分量外）放入调理钵中,用手持式搅拌棒搅打成细末。
2 将 1、分量中的水与海藻糖放入锅中加热。浮沫浮出后即捞除,以小火煮 10min 左右。
3 将厨房纸巾铺于滤勺上,过滤 2。
4 冷却后再加入柠檬汁拌匀,放入容器中冷冻。
5 用叉子适当地戳碎,再度放入冷冻室中。重复几次这个步骤。

保存方法与期限
冷冻可保存 1 个月。

用途
用此酱佐于夏天供应的**冰镇天使细发面**,会让顾客吃得更津津有味。我认为与**鳗鱼**、**海鳗**或**青鱼**这类食材相当契合。只要补强甜味,亦可用来当作清口的**冰沙**。

（横山英树/（食）ましか）

海鳗茄子天使细发面
（横山英树/（食）ましか）

裹满了海鳗高汤茄子酱（p.86）的天使细发面,佐上嫩姜冰沙（上记）。（做法→p.87）

黑蒜调味酱

发挥黑大蒜圆润的风味

为了带出甜味，洋葱要彻底炖煮；
黑大蒜则要发挥其风味，
因此不加热直接加入。
黑大蒜是大蒜经过发酵而成，
香气与味道都很圆润。

材料
- 黑大蒜…3瓣
- A
  - 高汤（p.197）…500ml
  - 味啉…50ml
  - 浓口酱油…50ml
  - 洋葱（切成薄片）…1/2颗
  - 砂糖…50g

* 置于高温且高湿度之处，直到发酵、熟成变为黑色大蒜为止。

做法
1. 将 A 放入锅中，以中火炖煮，留意不要煮焦。
2. 当煮汁炖煮至剩 1/3 的量，变得浓稠后，过滤并去除洋葱，将压碎的黑大蒜加入，用滤网挤压成泥。

保存方法与期限
冷藏可保存 10 天。

用途

可以像 **"黑蒜酱烤土鸡与酪梨"**（下记）这道料理一样，利用此酱作为煎烤肉类的调味酱。亦可淋于**烤牛肉**或**蒸鸡**来品尝。

（中山幸三 / 幸せ三昧）

黑蒜酱烤土鸡与酪梨
（中山幸三 / 幸せ三昧）

将鸡肉一边淋黑蒜调味酱，一边用烤网烤得香气四溢，
再佐上烤后才淋上酱汁的酪梨，组合成一道料理。
调味酱容易烤焦，因此等鸡肉烤至约 8 分熟后再淋上即可。

材料 1人份
- 鸡腿肉…1/2 片
- 酪梨…1/8 颗
- 黑蒜调味酱（上记）…适量
- 盐…适量

做法
1. 鸡腿肉抹盐，放入冰箱冷藏 30min，使盐入味。
2. 将鸡肉置于充分加热好的烤网上烧烤至 8 分熟后，边上下翻面边淋上黑蒜调味酱。酱汁总共淋 3～4 次。
3. 酪梨去核并削皮，切 8 等分呈月牙形，用烤网烧烤。烤好后再淋上黑蒜调味酱。
4. 待鸡肉的肉汁收汁后，切成方便食用的大小，与酪梨一同盛盘。

哈里萨辣酱

强烈辣味里再添小茴香的香气

哈里萨辣酱是地中海沿岸各国使用的一种辣味糊酱。用来佐北非料理古斯古斯面的红色辣酱最为闻名,不过这道是用青辣椒制成的哈里萨辣酱。清爽又强烈的辣味以及小茴香的芳醇香气,酝酿出充满异国情趣的和谐感。

材料
青辣椒(新鲜的)…100g
罗勒叶…15g
小茴香(整颗)…30g
大蒜…1瓣
橄榄油…150ml

做法
将所有材料放入搅拌机中,搅打至滑顺为止。

保存方法与期限
冷藏可保存1周。

用途

酱汁中用了番茄的意大利面,**番茄培根意大利面**等,或者**山羊**、**小羔羊**、**羊肉**这类风味独具的肉类,都与此酱的属性相合。
与快速烤过的**夏季蔬菜**也很对味。
将青辣椒改为红甜椒,并用香菜籽与葛缕子取代小茴香来制作,即成一道红色的哈里萨辣酱。
这道也常用来搭配山羊、羊肉料理,或者佐红酒炖肉料理。

(汤浅一生/BIODINAMICO)

辣根酱

添加酸味与甜味的辣根糊

这道酱汁是于辣根中
添加酒醋的酸味及些许的甜味。
藉由甜味让辣味变得圆润,
调制出可感受到辣根本身甜味与浓度的味道。

材料
辣根(磨成泥)…250g
面包(切成小块)…100g
白酒醋…75ml
橄榄油…30ml
细砂糖…15g
盐…3g

做法
将所有材料放入食物调理机中,搅打至滑顺为止。

保存方法与期限
于表面覆盖一层橄榄油,冷藏可保存2~3天。

用途

此酱是辣根的名产地,
也就是意大利的弗留利-威尼斯朱利亚大区的酱汁。
这个大区位于国境边界处,因此于饮食文化上也受邻国影响甚大,与其他地区比起来。此酱的基本用法是搭配一种叫 **"Caldaia di Maiale"**(**水煮猪肉与香肠拼盘**)的料理。
此外,不仅水煮猪肉,与**火烤**或**网烤料理**都很对味,和**牛肉**也是绝配。搭配**烟熏鲑鱼**或**烟熏丽可塔奶酪**等**熏制**食材也很契合。

(汤浅一生/BIODINAMICO)

葱与山椒酱

山椒让长葱的圆润滋味瞬间立体

浓缩葱的风味的泥酱中，
充分发挥了山椒强烈的滋味。
制作白发葱＊后剩下的葱芯、
青葱根部的白色部位等，
可以充分活用这些佐料不使用的部分。

材料
长葱芯或青葱根部（切成碎末）…200g
山椒（p.119）…20g
日本酒…100ml
高汤（p.197）…300ml
太白胡麻油…40ml

做法
1 于锅中加热太白胡麻油，将葱与山椒放入，炒至葱变软为止。
2 加入日本酒，炒至酒精挥发。加入汤汁，将葱煮至软嫩。
3 将 2 加入搅拌机中，打成糊状。

保存方法与期限
冷藏可保存 4～5 天。

用途
将上记的酱汁加入**香煎**过**鸡肉**的平底锅中，完成酱汁的最后步骤，即可佐香煎鸡肉。
可依此法运用于香煎**猪肉**。
（米山 有 / ぽつらぽつら）

＊将葱白部分竖着切成如发般的纤细葱丝，作为佐料或装饰菜肴的配菜。

佐料芡汁

于银芡汁中增添佐料的辣味与香气

与秋葵芡汁（p.124）一样，
以银芡的汤汁为基底。
加入姜泥、剁细的绿紫苏叶、蘘荷等香辛蔬菜，
增添清爽的辣味与香气。

材料
银芡汤汁…自下列分量中取 100ml
　高汤（p.197）…160ml
　淡口酱油…10ml
　味啉…10ml
A ┌ 姜泥…1 小匙
　│ 绿紫苏叶（切成碎末）…4 片
　└ 蘘荷（切成碎末）…1 颗
葛粉水…适量

做法
1 将银芡汤汁的材料倒入锅中加热，煮滚后取 100ml 的量。
2 将 A 加入，用葛粉水勾芡。依需求来调整浓度。

保存方法与期限
使用时才制作，当次使用完毕。

用途
此酱与**蒸鱼**、**炸鸡肉**、
白肉鱼与**鸡肉丸**等都很对味。
此外，配上**盐烤猪肉**也不错。
（中山幸三 / 幸せ三昧）

醋橘冻
醋橘的清爽风味

这道果冻酱使用了淡口酱汁，
借此发挥出醋橘的清爽风味。
可用柚子替代醋橘，
加入榨汁与磨碎的皮，
制成柚子冻酱也不错。

材料

汤冻
　高汤（p.197）…1080ml
　淡口酱油…90ml
　味啉…90ml
　吉利丁片…18g
醋橘的榨汁…2颗份

做法

1 制作汤冻。将高汤煮沸，加入淡口酱油与味啉，于即将沸腾前关火并过滤。趁热将用水泡软的吉利丁片加入溶解。
2 移放至密封容器中，泡冰水。冷却后，将醋橘的榨汁加入拌匀，放入冰箱冷藏使之冰镇凝固。使用之际再适当地绞碎来用。

保存方法与期限
冷藏可保存2～3天。由于香气会散失，请尽快使用完毕。

用途

快速氽烫、做成**炙烧鲣鱼生鱼片**的**海鲜类**，或是**上面摆了水煮虾的素面**，淋上此酱即可。此外，建议可将抹了薄盐的生**白肉鱼**斜切成片，再摆上此酱。亦可淋于**秋葵**、**日本水菜**这类的**凉拌青菜**中。

（中山幸三／幸せ三昧）

白色拌酱
反复用滤网筛挤压泥，追求滑顺感

用滤网将木棉豆腐筛挤压泥2次，
完成滑顺状态是关键。
若加入太白胡麻油或高汤，
即成为更加滑顺的拌酱。

材料

木棉豆腐…1块
A ┌ 砂糖…1.5大匙
　├ 淡口酱油…15ml
　├ 白芝麻泥…1大匙
　└ 盐…少许

做法

1 于木棉豆腐上放置镇石，稍微进行脱水。请注意不要过度脱水。
2 用滤网筛挤压泥1次，将 **A** 加入，用橡胶锅铲充分搅拌混合。
3 再次将 **2** 筛挤过滤1次，完成更滑顺的拌酱。

保存方法与期限
冷藏可保存3～4天。

用途

无花果、**四季豆**、**南瓜**、**柿子**、**虾**与**扇贝**等，可将此酱运用于这类带甜味的蔬菜、水果或海鲜类的**凉拌料理**中。

（中山幸三／幸せ三昧）

豆皮与山药贝夏媚酱

与任何蔬菜都很对味的温和滋味

利用豆皮与山药制作而成的
植物性贝夏媚酱。
与各式各样的蔬菜都很契合,
用来作为蔬菜焗烤的酱汁也不错。
将山药改为百合根来调制也很美味。

材料

生豆皮(乳状˙)…100g
山药(削皮,切成1cm的厚度)…200g
洋葱(沿着纤维切)…50g
高汤(p.197)…270ml
黄油…25g

* 日本制作豆皮有两种方式,用筷子"夹"起的称为"汲み上げ",较为浓稠,看似呈乳状,摊开则为不规则薄片状;若是"整片捞起"的则为"引き吉げ",为形状一致的长方状。

做法

1 将奶油放入平底锅中加热溶解,香煎山药与洋葱,避免煎出焦色。
2 山药煎熟后,将生豆皮与高汤加入,以中火煮20min左右。
3 将 2 放入搅拌机中,搅打至滑顺状态为止。

保存方法与期限
冷藏可保存3~4天。

用途

如同**"节瓜奶焗淋豆皮与山药贝夏媚酱"**(下记)的做法,此酱可用来淋于香煎蔬菜上,烹调成**奶焗料理**。节瓜与**芦笋**尤其对味,不过使用任何蔬菜都可以料理得很美味。

(米山 有 / ぽつらぽつら)

节瓜奶焗
淋豆皮与山药贝夏媚酱

(米山 有 / ぽつらぽつら)

香煎节瓜,再淋上用豆皮与山药制成的
贝夏媚酱,完成一道奶焗料理。

做法

1 将节瓜切成厚度1.5cm的圆片,用橄榄油香煎至熟。
2 将 1 盛入耐热的容器,淋上豆皮与山药贝夏媚酱(上记),放入230℃的烤箱中烤6min。

豆腐蘸酱
加了奶油起司的软绵蘸酱

材料
豆腐…300g
奶油起司…150g
吉利丁片…3g
水…50ml

做法
1 将用水泡软的吉利丁片与50ml的水倒入锅中，加热使吉利丁片煮至溶解。
2 将豆腐进行脱水，与奶油起司结合，用手持式搅拌棒搅打至滑顺为止。
3 将1加入2中，用滤网筛挤压泥，放入冰箱冷藏冰镇2h以上。

保存方法与期限
冷藏可保存2天。

将豆腐与奶油起司搅拌混合，
调制成松软而口感滑顺的蘸酱。
在起司充满奶香的滋味中，
可以微微感受到豆腐温和的味道。

用途
我店里供应的，是将此酱淋于切成碎末的**皮蛋豆腐**上作为**前菜**。光是搭配**长棍面包**，就是一道很棒的葡萄酒下酒菜。
也可以添加**酱油**、**辣油**或**橄榄油**等来调整变化。

（西冈英俊 /Renge equriosity）

豆腐与酪梨蘸酱佐鲂仔鱼
特点在于圆润的浓郁感与满满的奶香味

材料
酪梨…135g
木棉豆腐（已脱水）…135g
鲂仔鱼…适量
白酒醋…5ml
盐…适量

做法
1 酪梨削皮去籽，撒上白酒醋来定色。
2 将1与木棉豆腐搅拌混合，加盐调味。用滤网筛挤压泥后保存起来，上菜时再摆上鲂仔鱼。

保存方法与期限
冷藏可保存2天。

豆腐与酪梨，两者的圆润浓郁滋味
迭合出充满奶香的蘸酱。
佐上鲂仔鱼，
即成一道美味下酒菜。

用途
直接享用就是一道非常棒的**下酒菜**，亦可佐于**白肉鱼的油炸料理**。

（米山 有 /ぽつらぽつら）

Part 7 酱油&味噌

两者都是富含鲜味成分的发酵调味料。
这个单元介绍的基础日本料理的调味酱、
酱油蘸酱、烧烤料理的调味酱等,
都是用了这两种享誉世界的调味料;
此外,也一并介绍了一些创意巧思,
教你如何结合西洋食材或调味料来作变化。

纳豆酱油

添加麻油来缓和特殊风味

材料
纳豆…150g
浓口酱油…70ml
高汤(p.197)…140ml
太白胡麻油…30ml
芥末粉(溶解)…1大匙

做法
1 将所有材料放入调理钵中,用手持式搅拌棒搅打至滑顺为止。
2 用滤网将 1 筛挤过滤,完成更滑顺的酱汁。

保存方法与期限
冷藏可保存 1 周。然而味道会渐渐变质,因此希望能于 3～4 天内使用完毕。

这是一道生鱼片用的酱油蘸酱,
利用麻油来缓和纳豆的特殊味道。
为了完成滑顺的口感,
在搅拌机搅打后,再用滤网筛挤过滤。

用途
此酱可用来当**生鱼片**的**酱油蘸酱**,或是**酱油淋酱**即可。此外,也可以淋于**鲔鱼纳豆**、**乌贼纳豆**,或是剁碎的**山药**或**秋葵**等。作为**海鲜盖饭的酱汁**也不错,搭配醋饭也很对味。

(中山幸三/幸せ三味)

南蛮泡酱

不会太甜也不会太酸的调味

材料
酒…200ml
味啉…200ml
浓口酱油…100ml
砂糖…80g
米醋…200ml

做法
1 将酒与味啉倒入锅中混合加热,将酒精煮至挥发。
2 加入浓口酱油与砂糖,将砂糖煮至溶化。
3 将米醋加入,静置放冷。

保存方法与期限
冷藏可保存60天。

这是为了制作南蛮炸鸡而调制的腌泡酱。
关键在于不会太甜也不会太酸的调味。
因为没有加水来制作,
浓度与甜味更加突出,保存性也相对提高。
若改变调配比例,也可以应用于其他料理。

用途

制作**南蛮炸鸡**(右页)之际,将**炸好的鸡肉**快速浸泡一下此酱。这种比例调制的酱汁只能用于南蛮炸鸡,不过如果增加米醋与砂糖的量,冰镇后可作为**水云醋**的泡酱。

(横山英树/(食)ましか)

* 一种类似发菜的褐色海藻,主要产于琉球群岛一带,又有海发菜之称。

芝麻姜味酱油

清爽的姜味酱油,用芝麻来补足浓郁度

材料
姜泥…1大匙
浓口酱油…100ml
白芝麻粉…50g

做法
1 用菜刀剁姜泥,进一步切断纤维,使之更滑顺。
2 与其他材料混合,充分拌匀。

保存方法与期限
冷藏可保存1周。

生鱼片的酱油蘸酱。
于姜味酱油中添加芝麻
来补足其浓度与鲜味。
经过一段时间,芝麻会吸收水分,
因此要适当补充酱油再使用。

用途

背鳍青色的鱼,像是**鲣鱼**、**竹荚鱼**、**沙丁鱼**、**鲔鱼**、**醋腌鲭鱼**等,这类的**生鱼片**即可用此酱作为**酱油蘸酱**。与乌贼也对味。

(中山幸三/幸せ三昧)

南蛮炸鸡

横山英树/(食)ましか

酸酸甜甜的南蛮泡酱渗入炸鸡块的厚实面衣里,再配上大量浓郁的塔塔酱。鸡肉的弹性恰到好处,一口咬下就慢慢渗出鲜甜滋味。泡酱与塔塔酱的酸味发挥得恰如其分,怎么吃也吃不腻。

材料 20人份

鸡腿肉⋯2kg
面衣
 高筋面粉⋯200g
 太白粉⋯100g
 蛋⋯2颗
 日本酒⋯300ml
 浓口酱油⋯120ml
 麻油⋯50ml
南蛮泡酱(左页)⋯500g
塔塔酱(p.30)⋯1kg
香草与叶类蔬菜⋯适量
小番茄(对切成半)⋯20颗
柠檬(切成月牙形)⋯20颗
细葱⋯100g
黑胡椒⋯适量
油炸用油⋯适量

做法

1. 将鸡腿肉切成方便食用的大小。
2. 将面衣的材料充分搅拌混合。
3. 将鸡腿肉裹满面糊,用170℃的油炸3min。
4. 沥干油分,趁热蘸附南蛮泡酱后立刻取出。将多余的泡酱沥干。
5. 将香草与叶类蔬菜铺于盘子上,再将4摆于其上。淋上塔塔酱,撒上细葱与黑胡椒。佐上小番茄与柠檬。

酒盗酱油
洋葱的甜味与酒盗的咸味

材料
酒盗…200ml
洋葱（切成碎末）…1颗
高汤（p.197）…100ml
浓口酱油…100ml
色拉油…适量

做法
1 用色拉油炒洋葱，炒出透明感后，将酒盗加入进一步拌炒。
2 黏糊糊的酒盗炒熟而变得干爽后，将汤汁加入煮滚。最后再加入浓口酱油并关火。

保存方法与期限
冷藏可保存 10 天。

酒盗馅是盐渍的鲣鱼内脏，因为咸味较强烈，要利用充分炒过的洋葱来增添甜味。
酒盗的盐分浓度会因材料不同而异，因此只要配合酒盗来增减酱油的分量即可。

用途
用来淋于**炙烧鲣鱼生鱼片**(右页)即可。
与**鲔鱼生鱼片**也很对味，淋少许于**生乌贼**或**日本玻璃虾**上，即成一道**下酒菜**。

（中山幸三 / 幸せ三昧）

橄榄酱油
于酱油的熟成感上再添加黑橄榄醇熟的风味

材料
黑橄榄…40g
浓口酱油…80ml
橄榄油…适量

做法
将黑橄榄与浓口酱油放入搅拌机中，搅打至滑顺为止。以此状态保存备用，要使用时再加橄榄油混合。

保存方法与期限
于加入橄榄油之前的状态下，冷藏可保存 2 周。

于酱油熟成的味道上，再增添黑橄榄醇熟的风味，即成一道滋味浓郁的调味酱。使用时可酌情添加橄榄油，来调整浓度。

用途
作为**生肉薄片**的酱汁，或是搭配**香煎**或**盐烤鱼肉**也不错。
以**蒸煮**或用**烧烤锅煎烤**的**鸡肉**或**蔬菜**，与此酱应该也很对味。

（米山 有 / ぽつらぽつら）

炙烧鲣鱼生鱼片佐酒盗酱油

（中山幸三 / 幸せ三昧）

用鲣鱼内脏制成的酒盗，
与鲣鱼肉身做成的炙烧鲣鱼生鱼片，
是绝对不会出错的绝佳组合。
以大火煎烤鲣鱼的皮面，
煎得香气四溢后与调味酱的香气更加契合。

材料

鲣鱼（腹部）…100g
酒盗酱油（左页）…1大匙
佐料…各适量
　蘘荷（切成薄片）
　萝卜缨（切成1cm的块状）
　紫苏嫩叶
盐…适量

做法

1. 用多支烤串将鲣鱼串成扇状，于鱼皮那面撒盐，以明火将鱼皮烤出香气与焦色。鱼肉一侧仅快速炙烤一下。留意避免内部烤熟了。
2. 直接静置冷却，不浸泡冰水，避免变得太水。
3. 将佐料搅拌混合，于水中浸泡约10min后，沥干水分。
4. 以平切法＊将 **2** 切片盛盘（1人份为5~6片）。于鲣鱼上淋酒盗酱油，再佐上 **3** 的佐料。

＊为生鱼片最一般的切法，以刀锋切入向后向下笔直切断，切下后刀将鱼片向右轻推，鱼片稍微倒下并重叠。

田乐味噌
结合京樱味噌 * 与信州味噌的芳醇鲜味

* 红黑色味噌，滑顺偏甜，因其颜色同樱花商标而有此名。

材料
京樱味噌…300g
信州味噌…200g
砂糖…350g
日本酒…100ml
味啉…100ml

做法
1 将所有材料放入锅中以小火加热，用木锅铲搅拌熬煮 10min 左右。
2 炖煮到水分减少，黏糊糊的酱汁从锅面上往下剥落，待锅面露出来即完成。

保存方法与期限
冷藏可保存 3 个月。

将信州味噌加入调味用的京樱味噌中，
进一步提高其鲜味，
作为烧烤料理用的味噌调味酱。
使用混合两种味噌调制而成的樱味噌。

用途

用于**肉或鱼的烧烤料理**，摆在上面或是涂抹皆可（右页）。此外，将**猪角煮（红烧方块猪肉）**或**牡蛎**摆于朴叶上烤的**朴叶味噌烧** *1，也很适合搭配此酱。若用汤汁稀释，亦可变化成**烧烤料理酱**。也可以利用来作为**牡蛎土手锅** *2 用的味噌。

（中山幸三 / 幸せ三昧）

*1: 日本飞驿高山地方的乡土料理。
*2: 于锅子周围涂抹厚厚一层味噌，如同抹了一层土围墙一样，故有此名。

橄榄味噌
结合浓郁食材调制出的浓醇滋味

材料
黑橄榄…90g
味噌…90g

做法
将黑橄榄与味噌放入搅拌机中，搅打至滑顺为止。

保存方法与期限
冷藏可保存 2 周。

橄榄与味噌两者的浓郁滋味，
有相辅相成之效。
因为是一道滋味浓醇的蘸酱，
味道绝不输具特殊风味的食材。

用途

请用此酱佐**蔬菜棒**或**鱼的油炸料理**。因为滋味浓郁，搭配**鲭鱼**等**风味独特的鱼类**也很对味。

（米山 有 / ぽつらぽつら）

田乐味噌烤鳍鱼
（中山幸三 / 幸せ三昧）

鱼皮烤得酥脆喷香，为了保留这份香气，所以将田乐味噌涂抹于鱼肉一侧来烤。涂了味噌后，为了避免烤焦，仅快速炙烤定型即可。

材料 1人份
鳍鱼（切块）…160g
田乐味噌（左页）…适量
辣椒…1根
辣椒粉…少许
色拉油、盐…各适量

做法
1. 以三片刀法切剖鳍鱼，切成一片160g的块状。抹上些许盐，放入冰箱冷藏1h，使盐入味。
2. 用烤串串起来烧烤。烤至几乎全熟后，用刷子于鱼肉一侧涂抹田乐味噌来炙烤。当味噌变热而冒泡后，即可离火。
3. 于辣椒上涂抹色拉油并撒盐，稍微炙烤一下。将蒂头与籽去除后，切成方便食用的大小。
4. 将鳍鱼盛盘，撒上一点辣椒粉。佐上辣椒。

金山寺味噌与巴萨米克醋酱

浓郁有层次的滋味,与肉类料理是绝佳搭配

材料
巴萨米克醋…600ml
金山寺味噌…40g

做法
1 将巴萨米克醋炖煮至分量减半。
2 将1放冷,与金山寺味噌搅拌混合。

保存方法与期限
冷藏可保存1周。

用途
用于"**香煎猪肉与季节蔬菜**"(下记)。
(米山 有/ぽつらぽつら)

两种材料的产地分别为日本与意大利,
却都具有浓郁的风味,
结合这两种发酵调味料,
调制出与肉类料理绝配的酱汁。
无论是日本酒也好,葡萄酒也好,
与这道酱汁都十分对味。

香煎猪肉与季节蔬菜
佐金山寺味噌与巴萨米克醋酱
(米山 有/ぽつらぽつら)

日本湘南产的"宫治猪肉"与大量的季节蔬菜,
一起做成简单的香煎料理。
具有丰富层次鲜味的金山寺味噌,再结合巴萨米克醋酱,
即成一道令人印象深刻的料理。

材料 1人份
猪肩肉(3cm见方块状,长度6cm)…100g
A ─ 香菇…1朵
  │ 西蓝花…适量
  │ 菜花…适量
  │ 红、黄甜椒(切成厚度1.5cm的月牙形)…各1片
  │ 豌豆荚…1/2根
  │ 小番茄…1颗
  │ 南瓜(切成厚度1cm的月牙形)…1片
  │ 秋葵…1根
  │ 苦瓜(切成厚度1.5cm的圆片,再纵切成半)…1片
  └ 白茄子(切成厚度2cm的圆片)…1片

金山寺味噌与巴萨米克醋酱(上记)…3大匙
黄油…5g
橄榄油、盐、胡椒…各适量

做法

1. 猪肩肉在煎煮前先撒上盐与胡椒。于平底锅中加热橄榄油,将猪肩肉与 A 放入,边翻面边将整体煎出色泽。A 的食材,从已上色的部分开始取出备用。
2. 猪肉煎出色泽后,从平底锅中取出,于温暖处静置 8min 使之熟成。
3. 将金山寺味噌与巴萨米可醋酱加入 2 的平底锅中,一边用木锅铲将沾于锅面的鲜味成分刮下来溶解,一边炖煮至浓稠为止。加入黄油使之乳化,完成酱汁。
4. 将 1 与 2 放入 200℃ 的烤箱中加热 10min。
5. 将肉切成适口大小,与蔬菜一同盛盘。用汤匙舀取 3 的酱汁,一点一点淋于肉块、蔬菜与盘子上。

芥末醋味噌（红）
运用于味道厚重的料理中

材料
田乐味噌（p.138）…2大匙
芥末粉（溶化）…1小匙
米醋…5ml

做法
将溶化的芥末粉与米醋加入田乐味噌中，充分拌匀。

保存方法与期限
芥末的辣味与风味会散失，因此使用时才制作。

调制好的田乐味噌（p.138）中，
再添加溶化的芥末粉与醋稀释调制而成。
滋味浓郁，因此也很适合搭配冬季料理，
像是味道较浓或是富含脂肪的食材等。

用途

用于**凉拌鱼肉**，亦可淋于**安康鱼肝**这类浓郁的食材上，或是作为**拌酱**。
蛤蜊、**文蛤**或**牡蛎**等贝类的水煮料理，用此酱当**拌酱**或**淋酱**也不错。

（中山幸三／幸せ三味）

芥末醋味噌（白）
运用于味道清淡的食材中

材料
玉味噌（p.143）…2大匙
芥末粉（溶化）…1小匙
米醋…5ml

做法
将溶化的芥末粉与米醋加入玉味噌中搅拌混合。

保存方法与期限
芥末的辣味与风味会散失，因此使用时才制作。

芥末的辣味与风味会散失，因此使用时才制作。
一次制作好玉味噌备用，
每次要使用时再将醋与溶化的芥末粉加入调制。
比起红色的芥末醋味噌，
更适合搭配味道清淡的食材。

用途

可用于**水煮**的**乌贼**或**贝类**等**凉拌料理**。玉味噌若与**胡桃**或**山椒芽**等搅打混合，或是将**剁碎的佐料**等食材混入拌匀，变化成**佐料味噌**，用途就会变得更广。

（中山幸三／幸せ三味）

味噌柚庵泡酱

海鲜类烧烤料理用的味噌泡酱

将味噌加入柚庵酱中调制而成,
是海鲜类烧烤料理用的泡酱。
浸泡脂肪丰富而较难入味的鱼肉时,
必须将浸泡时间拉长以便彻底入味,
而非改变比例使泡酱变浓。

材料
白味噌…100ml
浓口酱油…80ml
日本酒…100ml
味啉…100ml

做法
将所有材料充分搅拌混合。

保存方法与期限
使用时才制作。

用途

将**鳝鱼**、**鲷鱼**、**刺鲳**、**鲈鱼**、**红鲈**与**白带鱼**切成块,
于此酱中浸泡40～50min再烧烤。
边烤边浇淋也可以。

(中山幸三/幸せ三昧)

胡桃味噌酱

将胡桃糊加入玉味噌中制成的烧烤料理用调味酱

将玉味噌(调味味噌)加入磨碎的胡桃糊中,
拌匀成烧烤料理用的味噌调味酱,
与肉类十分对味。

材料
胡桃糊
　去壳胡桃(无薄膜)…500g
　煮酒…600ml
玉味噌
　西京过滤味噌…500g
　日本酒…180ml
　味啉…140ml
　砂糖…25g
　蛋黄…5颗

做法
1 制作胡桃糊。用研磨钵将去壳胡桃磨得滑顺,加入煮酒研磨混合,制成糊状。
2 制作玉味噌。将日本酒与味啉放入锅中加热煮沸,将酒精煮至挥发。此时将西京过滤味噌、砂糖与蛋黄液加入,用木锅铲搅拌,以小火熬煮10min。
3 2的玉味噌煮熟后,锅子维持受热状态,将1的胡桃糊加入,熬煮1min左右即完成。

保存方法与期限
冷藏可保存10天。

用途

将此酱涂于**烤鸡肉**上来炙烤即可。此外,不妨淋于**烹煮至软嫩的猪肉块**上,再煎出色泽也不错。

(中山幸三/幸せ三昧)

土佐醋冻酱

加了柴鱼片鲜味与米醋酸味的汤汁，做成凉凉的冻酱

于汤汁中再添加柴鱼片，
进一步加强鲜味与香气，
再加入米醋，制作成凉凉的冻状，
如此一来便可更容易与食材结合。
是一道可取代果醋来运用的方便冻酱。

材料
高汤（p.197）…1080ml
A ┌ 米醋…90ml
  │ 浓口酱油…90ml
  │ 味醂…90ml
  └ 柴鱼片…1把
吉利丁片…20g

做法
1. 将汤汁煮沸，加入 A，在即将煮沸前关火并过滤。将用水泡软的吉利丁片加入溶解。
2. 移放至密封容器中，泡冰水，冷却后放入冰箱冷藏，使之冰镇凝固。使用时再适度地弄碎。

保存方法与期限
冷藏可保存 4～5 天。

用途

将磨成泥的**黄瓜**摆于**炙烧鲣鱼生鱼片**上面，再淋上弄碎的冻酱即可。
夹昆布低温熟成的沙鮻，或是**醋腌竹夹鱼**，亦可淋上此酱来享用。
此外，**海带芽与黄瓜的醋拌凉菜**或是**沙拉**，也适合用此酱来代替沙拉酱。

（中山幸三 / 幸せ三昧）

专栏 "炖煮" 的技巧

炖煮高汤等汤汁类制作而成的酱汁	炖煮醋制作而成的酱汁	炖煮酒类制作而成的酱汁
肉汁油醋酱（p.20）	金山寺味噌与巴萨米可醋酱（p.140）	红酒酱（p.169）

法式料理是酱汁的宝库。虽然有各种多样的酱汁制作技巧，其中最容易运用的，当属"炖煮"这项技巧了。

适用这项技巧的食材有：高汤或鸡汤等汤汁类、巴萨米可醋等醋类，还有酒类。这些食材都可借由炖煮来浓缩鲜味，发挥出酱汁的强劲实力。

本书中收录的酱汁中，炖煮汤汁类制成的有"虾汁油醋酱"（p.18）与"肉汁油醋酱"（p.20）。这两道都是混合了熬制汤汁与油醋酱的酱汁，因此沙拉当然不必说，还可搭配肉类或鱼类料理做多方的应用。此外，"蛤蜊黄油酱"（p.58）这道酱汁则是用了变化技巧——先分别炖煮蛤蜊与土豆的煮汁再作结合。蔬菜与贝类的鲜味叠合，打造出更强烈的好滋味。

炖煮醋制成的酱汁，有加了巴萨米可醋的"金山寺味噌与巴萨米可醋酱"（p.140），以及添加白葡醋与香艾酒的"香艾酒风味黄油酱"（p.60）。

使用酒类的酱汁中，最能轻易制作的是"覆盆子酱/黑醋栗酱"（p.172），只需炖煮利口酒即成。做法虽然简单，却是滋味强烈的酱汁。此外，另有增添香料的"红酒酱"（p.169）或"绍兴酒酱油"（p.172），以及于日本酒中增添调味料的"甜面酱汁"（p.146）等；只要改变添加的香料与调味料，即可广泛应用这项技巧。

Part 8 中国与东南亚的调味料

中国调味料及东南亚调味料广泛流行。
这些调味料在拓展料理范围上有极大的贡献。
本单元收录了能够将其可能性
发挥得淋漓尽致的食谱。

XO 酱

直接品尝也很美味

材料

干贝…500g
虾米…200g
日本酒…适量
A ┌ 红葱头（切成碎末）…500g
  └ 大蒜（切成碎末）…60g
B ┌ 金华火腿（切成碎末）…30g
  │ 干燥虾籽…10g
  └ 红椒粉…30g
棉籽油…1.5L

做法

1 将干贝与虾米分别放入可稍微浮出酒面的日本酒中，浸泡1天泡软。干贝用蒸锅蒸煮1h，搅散开来；虾米则蒸煮15min，再剁成细末。

2 棉籽油加热至150～160℃，将 A 加入。边加热边搅拌，将食材的水分煮至收干为止。

3 将 1 加入 2 中，边加热边搅拌，将水分煮至收干为止。

4 将 B 加入 3 中，边加热边搅拌。水分煮至收干后即可离火冷却。

保存方法与期限
冷藏可保存 1 个月。

这是一道直接吃也很美味的 XO 酱。
以低温慢条斯理地加热，
温和地将食材的鲜味提引出来。
不添加辣椒，因此可品尝到
干贝与虾米最纯粹的鲜味。

用途

此酱**本身**就是一道很棒的**下酒菜**。此外，亦可摆于**拉面**或**烧卖**上，或是加入**煎饺**的调味酱中也不赖。

（西冈英俊 /Renge equriosity）

Part 8 中国与东南亚的调味料　145

甜面酱汁

运用甜面酱调制出既浓郁又圆润的酱汁

这道酱汁是于甜面酱中添加
酱油与酒熬煮而成。
特点在于,味道既浓郁又圆润,
强而有力的味道绝不逊色于
浓郁厚重的食材或是油炸料理。

材料
甜面酱…100g
煮酒…200ml
老抽王…10g
细砂糖…50g
麻油…20g

做法
将所有材料放入锅中,炖煮至浓稠为止。

保存方法与期限
冷藏可保存 1 个月。

用途

此酱与**猪肉**与**鸡鸭**等很对味。
亦可作为**红烧猪肉**(右页)或**北京烤鸭**的调味酱。
此外,**清炸的切丁茄子**用此酱拌一拌,
再用莴苣卷起来品尝也很美味。
除此之外,**节瓜**、**事先煮熟的冬瓜**或**南瓜**等,蘸裹
太白粉**煎炸**而成的料理搭配此酱也很合拍。

(西冈英俊 /Renge equriosity)

红辣椒美极鲜味露

于东南亚大豆酱油中加入新鲜辣椒,制成一道桌上调味料

这是一道越南风味综合调味料。
于口味富有层次感且鲜味浓郁的美极鲜味露中,
添加新鲜红辣椒调制而成。
在餐桌上,想补足味道或想变换口味时,
即可利用此酱作为蘸酱或淋酱,
如何使用全凭个人喜好。

材料
美极鲜味露…适量
红辣椒(新鲜的,切圆片)…适量

做法
将美极鲜味露倒入小碟子中,再加入红
辣椒。辣椒的用量请依个人喜好来调整。

保存方法与期限
使用时才制作,当次使用完毕。

用途

在越南,浓度或味道不足,或是想在味道上做点变
化来享用时,大家会在餐桌上各自将美极鲜味露与
红辣椒放入小碟子来调制,用量全依个人喜好。用
来当**锅类料理**或**煎蛋**、**水煮鱼或肉**的蘸
酱也不错。
也可以用来佐**较清淡的盐炒蔬菜**等,依喜
好用蘸的或用淋的都 OK。

(足立由美子 /Maimai)

红烧猪肉汉堡
(西冈英俊 /Renge equriosity)

使用不像花卷那般卷绕的小圆面包来夹住红烧猪肉，制作成汉堡。
佐上甜面酱汁与加了咸蛋与榨菜的变化版塔塔酱，即完成一道全新感受的珍味手作汉堡。

材料 1人份
红烧猪肉（p.197）…50g
甜面酱汁（左页）…15g
咸蛋塔塔酱（p.32）…20g
小圆面包（汉堡用）…1个
莴苣…1/2片
塔斯马尼亚芥末…1大匙
白发葱…适量
太白粉水…适量

做法
1. 将小圆面包切成两半，两面皆用平底锅煎过。
2. 用平底锅将红烧猪肉两面煎得恰到好处。
3. 将甜面酱汁加热，加入太白粉水勾芡。
4. 于1的下半片小圆面包上涂抹塔斯马尼亚芥末，将莴苣折成与面包相等的大小摆上去。将2置于其上，于2上涂抹3，再以白发葱作为点缀。
5. 于面包的上半片切面涂抹咸蛋塔塔酱，与4一同盛盘。

南乳酱

利用砂糖让南乳的强烈风味变得圆润

南乳是将豆腐浸泡于红曲米中
制成的发酵食品。
特征在于独特的强烈风味与浓郁度。
加入砂糖,借此让涩味变得温和,
即可感受到南乳特有风味中的鲜味。

材料
南乳…230g
细砂糖…60g

做法
将材料放入调理钵中,用手持式搅拌棒搅打直到细砂糖溶化为止。

保存方法与期限
冷藏可保存1个月。

用途
用来作为**烤小羔羊**的酱汁(右页)。这里使用的是**仍在喝母乳的小乳羊**,几乎没有膻味,不过搭配稍长几个月的**小羔羊**也很对味。

(西冈英俊/Renge equriosity)

腐乳蘸酱

于腐乳中添加奶油起司,柔和其特殊味道

有不少人对腐乳的独特风味不能接受。
不过只要添加奶油起司,
那股特殊味道就会变得圆润。
这道蘸酱提引出隐藏于腐乳臭味深处的
鲜味与浓郁。

材料
腐乳…200g
煮酒…200ml
奶油起司…100g

做法
将所有材料放入调理钵中,用手持式搅拌棒搅打直到滑顺为止。

保存方法与期限
冷藏可保存2周。

用途
我的主厨精选套餐是将**"口水鸡"**(p.154)加入前菜拼盘中,不过对于不敢吃辣的顾客,则是改用此酱。鹿或马肉等较清淡的**红肉(油花分布较少)生肉料理**,或是**水煮蔬菜**,皆可淋上此酱来享用。

(西冈英俊/Renge equriosity)

小乳羊佐南乳酱

（西冈英俊 /Renge equriosity）

南乳与味道较强烈的食材十分契合，因此与羊肉相当对味。此处将小乳羊的背肉香煎得湿嫩，再佐上此酱。羊肉特有的香气、红肉的滋味与南乳特有的风味互相应衬。

材料 1人份

小乳羊…带3根背骨
南乳酱（左页）…45ml
鸡高汤（p.197）…45ml
盐…适量

做法

1. 带3根背骨的小乳羊，从肉块中抽出正中央的背骨舍弃不用。
2. 于1上撒盐，蘸裹南乳酱。以中火加热平底锅，将肉块脂肪那面朝下煎煮4～5min。接着将骨头那面朝下煎4～5min。于温暖处静置10min使之熟成。
3. 将鸡高汤加入残留于平底锅的酱汁中，加热直到变得浓稠，倒入盘子中，将2切半后盛盘。

甜酸汁

说到越南调味酱就想到它！

材料
A ┌ 越南鱼露…30ml
  │ 大蒜（切成碎末）…1/2 瓣
  │ 青柠汁…30ml
  │ 红辣椒（新鲜的，切成碎末）…1/2 根
  └ 细砂糖…3 大匙
热水…90ml

做法
1 让细砂糖溶解于热水中。
2 将 1 与 A 搅拌混合。

保存方法与期限
冷藏可保存 4～5 天。

这是越南最受欢迎的调味酱，
多用来当蘸酱或拌酱。
这道酱汁稍微偏甜，
然而，随着家庭、店家或是搭配的料理不同，
调配比例也各式各样。

用途

在越南，**炸春卷**或**水煮猪肉与蔬菜的米纸卷**会用此酱作为蘸酱，除此之外，也会多方运用于各式料理中。在 Maimai，会用此汁作为**烤茄子的拌酱**，或是充当**生菜烤肉沙拉**的沙拉酱等，不过并不仅限于此，亦可用于**所有沙拉**中。
我认为搭配**切丝的蔬菜沙拉**或是**猪肉片沙拉**都很对味。
这道酱汁是偏甜酱汁，调味料的比例请依喜好来调整。此外，每颗青柠或柠檬的酸度不同，因此请务必尝尝味道再来调整用量。

（足立由美子 /Maimai）

炸春卷
（足立由美子 /Maimai）

越南的经典料理之一。作为下酒菜时常会用蔬菜卷起来品尝，味道十分清爽。
内馅是以猪肉为基底，添加了螃蟹的鲜味，以及黑木耳与冬粉，吃起来富含层次。
外型做得较小。

材料 20 条份
内馅
　猪绞肉…200g
　螃蟹（碎蟹肉）…100g
　冬粉（干燥）…10g
　黑木耳（干燥）…4g
　洋葱（切成碎末）…40g
　大蒜（切成碎末）…2 瓣
　蛋液…1/2 颗份
　砂糖…1/2 小匙
　盐…1/4 小匙
　粗磨黑胡椒…2 小匙

米纸（长方形）…20 张
甜酸汁（上记）…适量
红叶莴苣…每条春卷用 1/2 片
绿紫苏叶…每条春卷用 1 片
香菜…适量
色拉油…适量

做法
1 制作内馅。
①冬粉与黑木耳浸水泡软。将冬粉切成适当长度，黑木耳则切成碎末。
②将①与其他材料放入调理钵中，充分搅拌混合直至出现黏性为止。
2 用米纸卷起内馅。
①将米纸置于砧板上，手沾水抹于其上，使之变软。
②将①纵向对折，将约 20g 的内馅摆于下方的位置。

③从下往上卷一圈，再将米纸的左右两端往内折起。

④进一步往上卷起，于卷完的末端处抹水加以固定。

3 油炸 **2**。

①将 **2** 卷好的末端处朝下并排放入锅中，注入色拉油至春卷 2/3 的高度，置于火上加热。

②加热至 160～170℃后，转为小火，维持此温度来炸。底面炸出金黄色泽后即可翻面，将另一面也炸出金黄色泽为止。

4 将 **3** 从锅中捞出沥干油分，与红叶莴苣、绿紫苏叶与香菜一同盛盘。将甜酸汁盛于小碟子中，佐上。用红叶莴苣将炸春卷、绿紫苏叶与香菜卷起来，蘸甜酸汁来享用。

越式甜酸姜酱
清爽的越式甜酸汁

"甜酸汁"是越南常用的调味酱，
本酱是将里头的大蒜换成姜调制而成。
酸姜酱的特征在于酸味、辣味、
甜味、咸味与鲜味之间达到绝佳平衡，
在这般的好滋味中再添上一份生姜的爽口。

材料

A
- 越南鱼露…15ml
- 生姜（切成碎末）…2大匙
- 青柠（或是柠檬）汁…15ml
- 红辣椒（新鲜的，切成碎末）…适量

细砂糖…1.5大匙
热水…45ml

做法

1 让细砂糖溶化于热水中。
2 将1与A搅拌混合。

保存方法与期限

冷藏可保存3～4天。

用途

味道滑爽，可用于各式各样的料理。
特别推荐用来作为**鲷鱼等白肉鱼**或**软炸旗鱼**的蘸酱、**烤茄子**的拌酱、**水煮乌贼**或**水煮蛤蜊**的淋酱等。令人意外的是，此酱与**水云**、**海带芽**等海藻类的属性也十分契合，淋上去即可做成一道东南亚风味的变化版醋拌凉菜。
作为**天妇罗**（馅料为虾、水云、蘘荷、叶姜等）的蘸酱也美味无比。

（足立由美子/Maimai）

越式酸甜辣酱
简单就能制作的甜辣酱

这道酱汁是于甜酸汁（p.150）中
补上红辣椒与细砂糖调制而成。
可以简单制作出市售甜辣酱的味道。

材料
- 甜酸汁（p.150）…30ml
- 红辣椒（新鲜的，切成碎末）…1根
- 细砂糖…2小匙

做法

将所有材料混合，充分搅拌混合直到细砂糖溶化为止。

保存方法与期限

使用时才制作，当次使用完毕。

用途

泰国料理**"泰式粉丝沙拉"**（冬粉沙拉）的拌酱、**泰式串烧**（浸渍于调味酱中的烧烤鸡肉）的蘸酱，或是甜辣酱，皆可以此酱来代替。
亦可作为**软炸料理**的蘸酱，从**乌贼等海鲜类**、**肉类**到**蔬菜**，与任何馅料都对味。
此外，**水煮或是煎烤的乌贼或虾**、**烤鸡肉串**，用此酱当蘸酱也不错。

（足立由美子/Maimai）

黑醋调味酱
让油腻的食材吃起来更清爽

材料
- 黑醋…100g
- A 麻油…30ml
- 细砂糖…70g
- 日本酒…300ml
- 太白粉水…适量

做法
1. 将日本酒倒入锅中加热，煮至酒精挥发仅残留甜味。
2. 将 A 加入，边加热边搅拌，直到细砂糖溶解为止。
3. 加入太白粉水勾芡。

保存方法与期限
冷藏可保存 2 周。

用途
此酱与**炸馄饨**、**鸡或鱼的油炸物**、**淡水鱼料理**很对味。
亦可活用来作为**糖醋猪排**的调味酱，用来蘸裹**烤猪肉**也很美味。
（西冈英俊 /Renge equriosity）

这道黑醋调味酱充分发挥了甜味，味道十分圆润顺口。可以让油炸料理或富含油脂的食材吃起来更爽口。

沙茶酱
飘散柠檬香茅香气的辣味香油

材料
- 柠檬香茅（切成碎末）…2 大匙
- A 大蒜（切成碎末）…2 大匙
- 红辣椒（新鲜的，切成碎末）…4～6 根
- 色拉油…90ml

做法
1. 将色拉油倒入平底锅中，拌炒 A。
2. 散发出香气，A 炒出焦黄的色泽后，将红辣椒加入并关火。

保存方法与期限
冷藏可保存 1～2 天。

用途
可将此酱加入含腐乳的调味酱中作为火锅料理的蘸酱，亦可淋于**汤品**或**汤面**中，添加辣味与香气。此外，加入**拌炒料理用**的调味料中也 OK。
（足立由美子 /Maimai）

用油炒柠檬香茅、大蒜与红辣椒来制作。清新的香气与辣味为其特征。

Part **8** 中国与东南亚的调味料

四川调味酱

用 2 种豆瓣酱调制出具深度的辣味

四川省产的朝天椒除了香气浓郁之外，
还能感受到微微的甜味，
再添加 2 种豆瓣酱调制而成的辛辣酱汁，
尝起来不仅仅只是辣，还富含层次。

材料
- A
  - 郫县豆瓣酱…50g
  - 豆瓣酱…50g
  - 朝天椒粉…50g
- 棉籽油…360ml
- 生抽王…30ml

做法
1. 将 A 放入调理钵中，把加热至 200℃ 的棉籽油加入，用打蛋器充分搅拌混合。
2. 将生抽王加入 1 中。

保存方法与期限
冷藏可保存 2 周。

用途
用来作为"**口水鸡**"（下记）的酱汁。如果添加酱油、醋与大蒜，也可以作为**云水肉**（于水煮猪肉上淋辣味酱汁的中国料理）的调味酱，亦可淋于**水煮海鲜类**。
另外再添加酱油或蛋奶酱，应该也能延伸出趣味十足的酱汁。

（西冈英俊/Renge equriosity）

口水鸡
（西冈英俊/Renge equriosity）

名称的由来据说是因为"美味到令人口水直流"的缘故。
辣椒与两种豆瓣酱交织出的多层次辣味酱汁，
被蒸得湿润软嫩的鸡肉充分吸附。

材料 方便制作的分量
- 鸡胸肉…2 片
- 四川调味酱（上记）…1 人份 40g
- 黄瓜（切丝）…适量
- 小葱（切成圆片）…适量
- 绍兴酒…适量
- A
  - 花椒…适量
  - 长葱…适量
  - 生姜…适量
- B
  - 水…1L
  - 绍兴酒…50ml
  - 盐…3g
- 盐…适量

做法
1. 去掉鸡胸肉的外皮与筋，抹盐静置 30min，鸡皮与筋留下备用。
2. 擦拭掉鸡胸肉的水分，放入方形平底铁盘，洒上绍兴酒。将 A 摆于上头，放入 70℃ 的烹饪蒸烤箱中加热 7min，翻面后再加热 7min。
3. 将 1 留下备用的鸡皮、筋以及 B 放入锅中加热。煮沸后捞除浮沫。
4. 将 2 连同蒸煮汁液一起加入还热呼呼的 3 中。冷却后放入冰箱冷藏。冰镇备用。
5. 将 4 的鸡胸肉斜切成厚度 5mm 的薄片。将黄瓜与鸡胸肉盛盘，淋上四川调味酱。撒上小葱。

炒面综合酱

可轻而易举制作出金边粉的味道

仅仅将调味料混合就能轻易调制，
是这道酱汁的魅力所在。
不仅可用于面条的调味，
亦可用于拌炒料理，
完成咸中带甜的滋味。

材料
蚝油…60ml
辣椒酱（Hot chili sauce）*…20ml
细砂糖…2 小匙
美极鲜味露（或是浓口酱油）

* 一种东南亚的辣味酱汁，用红辣椒、大蒜、红洋葱等制作而成。可于泰国或越南食材专卖店购买得到。

做法
将所有材料混合，充分搅拌混合直到细砂糖溶化为止。

保存方法与期限
冷藏可保存 2～3 天。

用途

用于**炒面**或拌炒料理的调味。
"**简易金边粉**"（下记）中使用的是**泰国米粉**，改用**炒面**的面条、**乌龙面**或是**通心粉**也很美味。
此外，**牛肉炒菜花、虾或扇贝炒鲜蔬**（洋葱、韭菜、豆芽菜等），也可用此酱来调味。

（足立由美子/Maimai）

简易金边粉

（足立由美子/Maimai）

"金边粉"为泰国的人气料理，
是一道加了蔬菜与虾等的炒米面。
若能事先制作好调味用的酱汁，不但可迅速烹调，
还能维持味道的稳定一致。

材料 2 人份
泰式宽河粉（泰国的中粗米粉）*…100g
炒面综合酱（上记）…3 大匙
蛋液…1 颗份
剥壳虾（大尾）…10 尾
洋葱（切成宽 1～2cm 的月牙形）…1/6 颗
豆芽菜…60g
韭菜（切成 3～4cm 的长度）…50g
番茄（切成大块）…1/4 颗
大蒜（切成碎末）…1 小匙
水…50ml
黑胡椒…适量
色拉油…15ml+15ml

* 如果没有，亦可改用乌龙面或炒面的面条。米粉一炒就容易黏于平底锅上，因此用其他面条来炒反而简单。

做法

1. 将泰式宽河粉放入温水（分量外）中浸泡10～20min。
2. 于平底锅中倒入15ml的色拉油加热。当油变热开始冒烟时，将蛋液倒入拌炒，制作软嫩的嫩炒蛋。暂时取出备用。
3. 于2的平底锅中补加15ml的色拉油，将大蒜放进去炒。飘出香气后，将剥壳虾加入。
4. 待虾表面变色后，将洋葱加入，接着将1的泰式宽河粉与分量中的水倒入搅拌混合。
5. 将豆芽菜与韭菜加入4中搅拌混合，倒入炒面综合酱，让整锅均匀入味。
6. 当5的水分变少后，将2的嫩炒蛋重新放入锅中，加入番茄拌炒混合。盛盘，撒上黑胡椒。

越南鱼露酱
快速蘸裹炸鸡肉

材料
越南鱼露…90ml
美极鲜味露…45ml
麻油…30ml
细砂糖…4大匙

做法
将所有材料混合,搅拌混合至细砂糖溶化为止。

保存方法与期限
冷藏可保存1周。

用途
刚炸好的**清炸鸡翅**或**煎炸鸡腿肉**,快速地蘸裹此酱后立即取出。此酱在越南主要是用于炸鸡肉;像**白肉鱼**、**小竹夹鱼**或**西太公鱼**等**小鱼**、**炸猪肉块**、拍上太白粉**煎炸**得酥脆的**薄切猪肉片**等,这类料理蘸裹此酱也很美味。

(足立由美子/Maimai)

先将鸡肉煎炸过,再快速蘸裹这道以越南鱼露为基底的调味酱,烹煮而成的料理是越南常见的点心兼下酒菜。亦可运用于鸡肉以外的油炸料理。

炸鸡翅蘸越南鱼露酱
(足立由美子/Maimai)

将鸡翅清炸得酥酥脆脆,
再蘸裹以越南鱼露为基底的酸甜调味酱。
这是一道越南的经典佳肴,
既可当点心亦可当下酒菜来品尝。

做法 1人份
1 为了能快速炸熟,于鸡翅中段(3只)的内侧,用菜刀于骨头与骨头之间划出切痕。
2 将油炸用油加热至170℃,再将擦拭掉水分的1放入,炸15~20min直到酥脆。
3 将越南鱼露酱倒入调理钵中备用。沥干2的油,以刚炸好的状态放入调理钵中快速地蘸裹酱汁。
4 将3盛盘,再佐上切成方便食用大小的番茄、黄瓜与香菜。

花椒盐

花椒经过干炒，散发出恰到好处的香气

材料
花椒…适量
盐（法国布列塔尼产的海盐）…适量

做法
1 用铺了铝箔纸的平底锅来炒花椒，再用食物调理机打碎成粗末。
2 用平底锅干炒海盐，将水分炒干，放入食物调理机中，搅打并过滤。再用平底锅干炒一次。
3 将1的花椒与2的盐以1：5的比例混合。

保存方法与期限
常温下可保存1年。

这一道蘸盐，
结合了花椒与颗粒感且鲜味强烈的海盐。
由于花椒的香气浓烈，
往往容易碰到吃不出食材本味的状况，
因此使用干炒花椒，
将其香气调整得恰到好处。

用途

软炸料理、天妇罗、法式甜甜圈、酥炸料理、炸猪排等，只要是搭配裹面衣油炸的料理，任何食材都对味。在馅料的选用上，从**虾等海鲜类**，到**肉类、蔬菜**等，可搭配的食材很广泛。

（西冈英俊/Renge equriosity）

胡椒盐青柠蘸酱

在餐桌上，将青柠挤入盐与胡椒中来调制

材料 1人份
盐…1/2 小匙
黑胡椒…1/4 小匙
青柠（没有的话可用柠檬）…1/6 颗

做法
将盐与黑胡椒混合，装于小碟子中，佐以青柠。使用之际再将青柠挤入盐与黑胡椒中，搅拌混合成调味酱。盐与胡椒的比例则依喜好来调整。

保存方法与期限
使用时才制作，当次使用完毕。

这是越南的调味酱，
于餐桌上将柑橘挤入盐与胡椒中调制而成。
盐与胡椒的比例可依喜好来调整。
比起柠檬，青柠的味道较贴近越南使用的柑橘，
因此务必使用青柠。

用途

以**蒸煮**或**水煮**的方式烹调得较清爽的**海鲜类**与**肉类**，或是**油炸料理**，配上此酱都很对味。**蛤蜊、文蛤**等贝类、**鸡肉的蒸煮料理、鱼类的油炸料理**、切块的**水煮鱼类或肉类**，这些料理用此酱来作为蘸酱也不错。此外，建议也可以当作**烤肉**的蘸酱。

（足立由美子/Maimai）

水煮蛋酱

与蔬菜很合拍的半熟蛋酱汁

材料
水煮蛋（半熟）…3颗
A ┌ 越南鱼露…15ml
  │ 细砂糖…1/2 大匙
  └ 黑胡椒…少许

做法
1 将水煮蛋剥壳，把蛋黄与蛋白分开。
2 将蛋白剁成细末，与蛋黄及 A 搅拌混合。

保存方法与期限
制作当日就使用完毕。

越南有一道调味酱，
是将整颗水煮蛋放入越南鱼露中来供应，
顾客可在餐桌上依喜好将蛋压碎来调制。
这里是以该调味酱来做变化，
事先将剁碎的水煮蛋
与越南鱼露、砂糖拌匀做成酱汁。

用途

也可以使用美极鲜味露来代替越南鱼露。
此酱在越南是用来佐**水煮高丽菜**的酱汁，不过搭配**青菜（小松菜、菠菜、小白菜）**或**绿色蔬菜（西蓝花、秋葵、甜豌豆、四季豆、荷兰豆**等）的水煮料理也很对味。抹于吐司或淋于**刚煮好的米饭**上来品尝也很美味。

（足立由美子 /Maimai）

烫蔬菜佐水煮蛋酱

（足立由美子 /Maimai）

将用半熟水煮蛋与越南鱼露制成的酱汁，
绕圈淋于烫好的绿色蔬菜上。
这道在越南主要用于高丽菜的酱汁，
搭配这类绿色的蔬菜也很对味。

做法
1 将甜豌豆去筋，西蓝花剥成小朵状，高丽菜切成方便食用的大小。
2 用热盐水快速汆烫 1。
3 将 2 盛盘，淋上水煮蛋酱。

Part 9
芝麻&坚果

芝麻与坚果是极富风味与层次感的食材，
剁碎来使用，可品尝其嚼感与香气，
仔细磨碎或制成糊状来使用，
则可享用其滑顺的口感。
再添加辣味或甜味都不错，
搭配奶酪也很对味。

芝麻奶油酱
结合不同用途，可添加汤汁来调整浓度

材料
白芝麻泥…100g
淡口酱油…15ml
砂糖…2大匙
高汤（p.197，已冷却）…30ml

做法
将所有材料混合拌匀。

保存方法与期限
冷藏可保存1周至10天。

可结合不同用途，
利用汤汁稀释来运用的芝麻奶油酱。
如此一来，便成为一道用途广泛的调味酱。

用途

淋于**炊煮无花果**（利用以盐与淡口酱油略微调味过的汤汁，来炊煮无花果）上即可。
此外，用来淋于**水煮绿芦笋**上也不错。
请依搭配的食材来调整砂糖与汤汁的分量。

（中山幸三／幸せ三昧）

黑芝麻酱油

放了大量黑芝麻的生鱼片专用酱油蘸酱

材料
黑芝麻粉…100ml
浓口酱油…200ml
芥末粉（溶解）…1小匙

做法
将所有材料充分搅拌混合。

保存方法与期限
冷藏可保存2周。

生鱼片用的万能酱油蘸酱，
与所有海鲜类都对味。
呈浓稠状，因此不仅可蘸取，
亦可浇淋来运用。

用途

鲣鱼、鲔鱼、乌贼、三线矶鲈、红鲷、鰤鱼等生鱼片，以此酱作为酱油蘸酱极佳。
搭配**醋腌竹荚鱼或金梭鱼的生鱼片**也很对味。

（中山幸三/幸せ三昧）

辣味芝麻调味酱

用2种豆瓣酱带出醇厚口味，用2种醋带出芝麻调味酱的清爽感

材料
郫县豆瓣酱…20g
豆瓣酱…30g
炒白芝麻（或是白芝麻泥）…50g
米醋…25ml
雪莉酒醋…25ml
麻油…25ml

做法
将所有材料放入食物搅拌机中，搅打混合。

保存方法与期限
冷藏可保存2周。

这是一道辣味、酸味与芝麻风味
调和至绝妙平衡的芝麻调味酱。
使用炒芝麻可让芝麻香更立体，
可依喜好置换成芝麻粉，
调成滑顺的调味酱也不错。

用途

淋于**水煮蔬菜**，
亦可作为**猪肉或牛肉火锅**的蘸酱。
此外，如果加了醋，也可作为**凉面**的调味酱。

（西冈英俊/Renge equriosity）

金梭鱼棒寿司淋黑芝麻酱油

（中山幸三 / 幸せ三昧）

油脂丰富的金梭鱼，鱼皮鲜美，
因此直接带皮来炙烤，带出其香气。
用来制作成棒寿司，佐上浓郁的黑芝麻酱油。
酱菜剁碎并用盐昆布拌一拌，制成觉弥拌菜来作为点缀。

材料 2人份

金梭鱼…1/4尾
盐、米醋…各适量
醋饭[*1]…100g
黑芝麻酱油（左页）…2小匙
觉弥拌菜[*2]…适量

*1 煮好米（3杯），将寿司醋（米1/10的量 / 做法：将米醋700ml、砂糖200g、盐130g 搅拌混合）加入热米饭中拌匀。

*2 日式腌黄萝卜（100g）、奈良渍（50g）、轻渍蘘荷（3根）、轻渍黄瓜（1条），全切成薄片后混合，再以剁碎的盐昆布（5g）拌匀。

做法

1 以三片刀法切剖金梭鱼，挑除鱼刺，抹上少许盐。置于冰箱冷藏30min，使盐入味。

2 用醋水清洗1后，放入米醋中浸泡15min。取出后擦拭掉水分，用菜刀于鱼皮那面斜斜划出几道修饰的切痕，并用喷火枪炙烤。

3 于竹帘上铺保鲜膜，让金梭鱼的鱼皮朝下并排放上。将醋饭塑形成棒状摆于其上，用竹帘将金梭鱼与醋饭卷起。

4 拆下竹帘后，切成一口大小，撕除保鲜膜，盛盘。

5 将黑芝麻酱油滴于金梭鱼上，再佐上觉弥拌菜。

胡桃坚果酱（胡桃酱）

胡桃味十足的风味

材料
- 胡桃…250g
- 松子…30g
- A
  - 格拉娜帕达诺奶酪*…40g
  - 牛奶…250ml
  - 面包粉…40g
  - 大蒜…1瓣
  - 橄榄油…100ml

* 意大利伦巴第大区的硬质奶酪。

做法
1. 将胡桃与松子放入170℃的烤箱中烘烤10～15min。
2. 将 1 与 A 放入食物调理机中，搅拌至滑顺为止。

保存方法与期限
冷藏可保存3天，真空包装处理后，冷冻可保存15天。

可感受到丰富胡桃香气味道的滑顺糊酱。
添加牛奶与奶酪，
借此增强浓郁度，
发挥大蒜风味，
让坚果特有的沉稳感转化为强劲风味。

用途

在北意大利的利古里亚大区，会以此酱作为**意大利面酱**，蘸满一种包了青菜的**三角形意大利饺**（Pansotti，下记）。**蘸于面包上直接品尝**也很美味，亦可作为**古冈佐拉奶酪三明治**的酱汁。

（汤浅一生/BIODINAMICO）

三角形意大利饺佐胡桃坚果酱

（汤浅一生/BIODINAMICO）

这道是意大利利古里亚大区的经典料理，
包了青菜与丽可塔奶酪的小型意大利饺，用胡桃风味馥郁的酱汁拌一拌即成。
奶酪圆润的滋味，可温和地将青菜的涩味与坚果的甜味揉合在一起。

材料

三角形意大利饺/10人份
- 饺皮
  - 高筋面粉…300g
  - 蛋液…3颗份
  - 盐…1小撮
- 馅料
  - 芜菁叶（剁碎）…500g
  - 丽可塔奶酪…125g
  - 帕玛森奶酪（磨碎）…50g
  - 面包粉…50g
  - 大蒜油*…适量

- 胡桃坚果酱（上记）/1人份 30g
- 肉汤（p.198）…适量
- 帕玛森奶酪（磨碎）、黑胡椒、盐…各适量

* 大蒜油做法：将大蒜（10瓣）轻轻压碎，与橄榄油（300g）、去籽红辣椒（1根，意大利卡拉布里亚产，辛辣味强烈的辣椒）一起放入锅中。以小火加热，当大蒜煎出金黄色泽后即可离火冷却，取上层澄清的部分来使用。

做法

1. 制作三角形意大利饺的饺皮。
   ① 于高筋面粉中加盐拌匀,将蛋液逐次少量地加入揉捏。用保鲜膜包覆起来,放入冰箱冷藏发酵一晚。
   ② 将①的面团延展成2mm的厚度,切割为3.5cm见方的正方形。
2. 制作意大利饺的内馅。
   ① 加热大蒜油,快速拌炒芜菁叶,放冷备用。
   ② 将丽可塔奶酪、帕玛森奶酪与面包粉加入①中搅拌混合。
3. 放少量的内馅于饺皮正中央,以对角线对折成半包覆起来,用手指按压边缘使之黏合。
4. 锅中放入胡桃坚果酱、肉汤与少量的水(分量外),加热备用。
5. 将3放入热盐水中煮3～4min。
6. 将刚煮好的5放入4的锅中,蘸裹酱汁。加盐调味,盛盘。撒上帕玛森奶酪与黑胡椒。

胡桃调味酱

用了大量胡桃的调味酱，当作淋酱或拌酱都不错

材料
去壳胡桃（无薄膜）…200g
煮酒…80ml
砂糖…2大匙
淡口酱油…30ml

做法
1 将去壳胡桃放入研磨钵中，彻底研磨至滑顺为止。
2 将煮酒加入进一步研磨后，用滤网筛挤压泥。
3 加入砂糖与淡口酱油，充分搅拌混合来调味。

保存方法与期限
冷藏可保存1周。

无论当作淋酱还是拌酱，都美味。
磨成泥的胡桃味道极为浓郁，
是这道酱汁的特点。
也可作为"白芝麻豆腐拌菜"的拌酱。

用途
用于"烤茄子冻淋胡桃调味酱"（右页）。此外，**煮得较清淡菜式比如水煮南瓜、鸡肉**，也可淋上此酱来品尝。
若用汤汁稀释，也很适合作为**荞麦面的蘸酱**。

（中山幸三 / 幸せ三昧）

花生味噌酱

加了花生甜味的味噌调味酱

材料
A ┌ 花生糊（加糖）…5大匙
　├ 红味噌…3大匙
　├ 细砂糖…1小匙
　├ 炒白芝麻…1小匙
　└ 热水…90ml
白芝麻粉…2大匙
花生（剁成粗粒）…2大匙

做法
1 将A放入调理钵中，充分搅拌混合。
2 供应时，将1盛于小碟子中，再撒上白芝麻粉与花生粒。

保存方法与期限
冷藏可保存2~3天。

在越南，
会用甜味噌调味酱来搭配生春卷享用。
这里利用花生糊与红味噌来重现那道调味酱。
添加花生与芝麻的浓郁香味，
成为一道稍甜的味噌调味酱。

用途
在日本大多会用甜酸汁（p.150）或甜辣酱搭配**生春卷**来品尝，不过越南都是配上甜味噌调味酱。这道食谱中，是使用容易买得到的材料来重现越南风味，请务必尝试以此酱搭配生春卷来享用。此外，**将油豆腐切成小块状炸得酥酥脆脆**，或是**青菜**等**水煮蔬菜**搭配此酱也相当合拍。

（足立由美子 /Maimai）

烤茄子冻淋胡桃调味酱

(中山幸三 / 幸せ三昧)

这是一道冰凉的前菜,使用了夏秋之际盛产期的茄子以及新鲜的胡桃。胡桃的浓郁滋味,与外皮经确实火烤的茄子所散发出的焦香味十分对味。

材料 准备的量

- 茄子…12 条
- 胡桃调味酱(左页)…1 大匙
- 煮汁
  - 高汤(p.197)…960ml
  - 淡口酱油…60ml
  - 味啉…60ml
- 吉利丁片…60g
- 绿柚子皮…少许

做法

1. 茄子直接带皮置于烤网上,以大火炙烤。
2. 整条烤至焦黑后,泡冰水剥去外皮。
3. 将煮汁的材料混合并煮沸,放入 2 的茄子快速煮熟。维持浸泡于煮汁的状态放置冷却,让茄子入味。
4. 冷却后,将茄子从煮汁中取出,轻轻拧挤,切成 3 等分,塞入边长 18cm 的方型模具中,叠放成 3 层。
5. 4 的煮汁取出 1L 来加热,将用水泡软的吉利丁片放入溶解,再注入 4 的模具中,冰镇使其凝固。
6. 切成方形块状,淋上胡桃调味酱,将绿柚子皮磨碎撒上。

开心果糊酱

开心果的强烈滋味突出的糊酱

材料
开心果…100g
佩科里诺奶酪（磨碎）…15g
E.V. 橄榄油…70ml

做法
1 将开心果放入 180℃的烤箱中烘烤约 15min。
2 将所有材料放入食物调理机中，放入冷冻库冰镇。彻底冷却后即可取出，搅打至滑顺为止。

保存方法与期限
冷藏可保存 3~4 天。

这道糊酱能强而有力地展现出开心果的香气与滋味。
将食材与工具事先放入冷冻库冰镇备用，这么做可避免搅拌时产生的热量破坏了开心果的颜色与香气。

用途

这是我在拿波里的"Tavema Estia"工作时学到的食谱。因为是用来增添层次感的糊酱，所以只要少许的量就能强烈感受到开心果的香气与味道。搭配**煎得湿嫩的鲔鱼**，或是**与百里香一起烤的兔肉**等都很对味。

（冈野裕太 / IL TEATRINO DA SALONE）

香菜开心果酱

罗勒青酱的变化版

材料
香菜（剁碎）…120g
开心果…60g
大蒜（磨成泥）…6g
雪莉酒醋…30g
Colatura*…适量
E.V. 橄榄油…120g

 意大利的鱼酱，亦可用泰式鱼露或越南鱼露代替。

做法
将所有材料放入食物调理机中，搅打至滑顺为止。

保存方法与期限
加了新鲜香菜的酱汁，一般来说都不太容易保鲜，不过此酱含较多油分，因此比较不容易变色，冷藏可保存 1 周。

将罗勒青酱中用的罗勒改为香菜，松子则置换为开心果来做变化。
香菜的香气与开心果的馥郁在嘴里散开来。
使用与香菜属性相合的鱼酱来调味。

用途

因为是充满夏日风情的酱汁，所以只要搭配**烧烤夏季蔬菜**（番茄、茄子、节瓜、青椒、甜椒等），用于淋酱或拌酱都不错。

此外，用来蘸裹**冰镇意大利面、素面、细乌龙面**也不错。

（西冈英俊 /Renge equriosity）

Part 10 酒类

炖煮酒类作为酱汁基底，
即可调制出风味丰富
且鲜味强烈的酱汁。
也很推荐用香料来增添香气。

红酒酱

飘散着八角与陈皮香气的微甜酱汁

材料
红酒…200g
A ┌ 生抽王…30g
  │ 蜂蜜…50g
  │ 八角…3 片 *
  └ 陈皮…1g

* 将八角的 8 片叶子拆散，取 3 片来使用。

做法
红酒倒入锅中加热，煮至酒精挥发后，将 **A** 加入。以小火炖煮 15min。

保存方法与期限
冷藏可保存 1 个月。

这是一道微甜的酱汁，
于红酒中添加八角甘甜的气味，
以及陈皮清新的香气。

用途

鸭、牛、鹿肉这类食材，十分推荐搭配这道酱汁。

（西冈英俊 /Renge equriosity）

沙丁鱼肝红酒酱

红酒可发挥出沙丁鱼肝的强烈滋味

材料
沙丁鱼头、骨头、内脏（肝）…4尾
红酒…100ml
水…300ml
焦糖色洋葱（p.120）…15g
小牛高汤（p.198）…30ml
色拉油、盐…各适量

做法
1 于锅中加热色拉油，边炒边将沙丁鱼的头与骨头压碎，炒 5min 左右。当水分炒干并散发出香气，待鱼头完全煮烂后，再将沙丁鱼的内脏（肝）与红酒加入。
2 当 1 煮滚后，将水与焦糖色洋葱加入，炖煮 40min 左右，加入小牛高汤搅拌混合。
3 将 2 倒入搅拌机中搅打至滑顺为止，用滤网筛挤过滤。加盐调味。

保存方法与期限
冷藏可保存 2～3 天。

将沙丁鱼头与肝加入红酒中炖煮而成的酱汁。
红酒的涩味与浓郁酒香，
可中和沙丁鱼肝的强烈滋味，
近一步转化为鲜味。佐于用了沙丁鱼的料理，
即可完整品尝沙丁鱼的好滋味。

用途

"**沙丁鱼梅子鱼排佐沙丁鱼肝红酒酱，配牛蒡法式薄饼**"（下记），
这道酱汁是为此美馔而调制的。
到了秋刀鱼的盛产季节，就改用**秋刀鱼**来制作。

（绀野 真 /organ）

沙丁鱼梅子鱼排佐沙丁鱼肝红酒酱配牛蒡法式薄饼

（绀野 真 /organ）

沙丁鱼的身体用于鱼排，鱼头、骨头与内脏则用于酱汁，
这是将整条鱼利用到淋漓尽致的一道料理。
为了缓和青鱼特有的强烈风味，另添了微量的味噌与梅肉。改用秋刀鱼来制作也甚是美味。

材料 6人份

沙丁鱼梅子鱼排
沙丁鱼（大）…7尾
A ┌ 红葱头（切成碎末）…60g
  │ 大蒜（切成碎末）…10g
  └ 生姜（切成碎末）…10g
莳萝叶（剁碎）…4枝
味噌…1/2 小匙
梅肉（带甜味的）…3 小匙
荷兰芹面包粉*…适量
沙丁鱼肝红酒酱（上记标示完成的全部分量）

牛蒡法式薄饼
牛蒡…1/2 根
B ┌ 澄清奶油…30ml
  │ 蛋液…1/2 颗份
  │ 高筋面粉…1.5 大匙
  └ 起司粉…1.5 大匙
西洋菜…适量
色拉油、盐…各适量

* 荷兰芹面包粉的做法：将面包粉（50g）、大蒜（1瓣）与意大利荷兰芹（6枝）放入搅拌机中，搅打成细末状。

做法
1 制作沙丁鱼梅子鱼排。
①以三片刀法切剖沙丁鱼，再切成 14 条鱼柳。鱼头、骨头与内脏用于酱汁（上记）中。从鱼柳中取 5 条备用，用来制作镶嵌肉馅。
②从剩余的鱼柳中取 6 条来切片，使形状一致。
③剩余的 3 条鱼柳塑形成长方形后，切成两半。①～③切下的边缘肉全留下备用，用于制作镶嵌肉馅。
④制作镶嵌肉馅。于锅中滴入色拉油，以小火将 **A** 炒至软塌，冷却备用。将①留下备用的 5 条鱼柳以及①～③多出的边缘肉混合，用菜刀切剁成粗

粒，再将炒好的 **A**、莳萝叶与味噌加入搅拌混合，加盐调味。

⑤于模具（直径5cm）的内侧铺上厨房纸巾。取②的1条鱼柳与③切成半的1块鱼肉，绕一圈塞入使之贴附于模型内侧，再将④的镶嵌肉塞入。将镶嵌肉的正中央往下凹，每一个鱼排分别塞入1/2小匙的梅肉。上面放适量的荷兰芹面包粉。

⑥将⑤放置于烤盘上，取下模型，放入235℃的烤箱中烤3min。接着用喷火枪于表面烧出恰到好处的焦色。

2 制作牛蒡法式薄饼。

①用削片器将牛蒡削成薄片，快速氽烫煮熟，再沥干水分。

②将 **B** 充分搅拌混合，将①加入进一步拌匀。

③于模具(直径5cm)内侧涂抹色拉油，置于加热的铁制平底锅中。开极小火，将②分次放入模型中，每次放1/10的量平铺开来，两面都要煎过。

3 盛盘。将沙丁鱼肝红酒酱倒入盘中，再放上沙丁鱼梅子鱼排。牛蒡法式薄饼立起放入，再佐上西洋菜。

覆盆子酱 / 黑醋栗酱

炖煮利口酒，调制出肉类料理或甜点用的酱汁

覆盆子酱

黑醋栗酱

材料
利口酒（覆盆子或黑醋栗口味）…适量

做法
将利口酒倒入锅中，以小火炖煮至剩1/3的量。试着摇晃锅，倾斜时锅底会稍微有些残留，炖煮至这个程度的浓度即可。

保存方法与期限
冷藏可保存2周。

> **用途**
>
> 佐于**鹅肝慕斯栗子泥**与**香煎鹅肝料理**即可。当然也可用于**甜点**。
> 此外，用平底锅煎煮**鸭**或**鹿**等血味较强烈的肉类，起锅后不妨轻轻擦拭掉残留于锅中的油脂，将此酱与高汤一起倒入锅中稍微炖煮，用来搭配煎好的肉块。
>
> （绀野 真/organ）

浆果类的利口酒，
仅仅是经过炖煮，
就能成为一道味道与香气都出奇浓郁的酱汁。
不仅可用于甜点，还可以运用于肉类料理。

绍兴酒酱油

强烈的浓郁度，丝毫不输油脂丰富的肉类

材料
绍兴酒…200ml
八角…2片*
老抽王…30g

* 将八角的8片叶子拆散，取2片来使用。

做法
将所有材料放入锅中，炖煮至分量减半。

保存方法与期限
冷藏可保存1个月。

> **用途**
>
> 加入太白粉水勾芡，可用来搭配**牛肉（用烤的或用蒸的）、猪肉、鹅肝**等。
>
> （西冈英俊/Renge equriosity）

结合绍兴酒与老抽王
这类浓郁的调味料来炖煮，
是一道气味浓郁的酱汁，
味道也不亚于油脂丰富的肉类。

172

Part 11 水果&甜点

水果运用来做成甜点酱是理所当然的，
但是若能发挥其甜味、酸味与香气来制作
料理用的酱汁也很不错
除了水果酱汁与蘸酱，本单元还集结了
卡士达奶油等基础酱汁，
还有运用巧克力或椰奶等制成
通用性高的甜点酱。

糖渍柳橙大蒜酱
加了大蒜的糖渍柳橙

将柳橙与大蒜一同做成糖渍品。
使用意大利产的大蒜，
香气虽然温和，味道却十分刺激。
粗略压碎的大蒜口感松软热呼，
加上焦糖的苦味以及柑橘清爽的甜味，
融合起来意外地和谐，与鱼料理是绝配。

材料

A ┌ 柳橙（果肉，切大块）…350g
　├ 白酒…90g
　└ 柠檬汁…1/2 颗份
大蒜（意大利产）…100g
细砂糖…75g

做法

1 汆烫大蒜并将煮汁倒掉，进行 3 次。
2 将细砂糖倒入锅中，以中火加热。变成焦糖色后再将 1 与 A 加入炖煮。
3 大蒜煮软后，用木锅铲轻轻压碎，炖煮至浓稠为止。

保存方法与期限
冷藏可保存 2 周。

用途

这道酱汁是我在拿坡里的西餐厅学到的。
多用来作为 **Garpione**（意大利的油炸腌渍料理）的变化版酱汁。亦可用来搭配**鳕鱼或安康鱼的软炸料理**。此酱与烹调得湿嫩的海鲜类十分对味，因此很适合搭配**贝柱**等。
使用柳橙以外的柑橘类，像是葡萄柚等也 OK。

（冈野裕太 /IL TEATRINO DA SALONE）

苹果酱

层叠的酸味与新鲜苹果沙沙的口感为一大重点

材料

苹果…500g
洋葱…200g
大蒜…10g
A ┌ 酸豆（醋渍）…100g
  │ 酸豆的醋渍汁…50ml
  │ 红酒醋…100ml
  └ E.V. 橄榄油…150ml
砂糖、盐…各适量

做法

1. 将苹果削皮去核，切块。洋葱与大蒜也一样切块。
2. 将 1 与 A 放入调理钵中，用手持式搅拌棒搅打。不要打成滑顺的糊状，而是打到仍残留苹果沙沙口感的程度即可停止。
3. 用砂糖与盐调味。

保存方法与期限

冷藏可保存 1 个月。

苹果、酸豆与红酒醋，
各别的酸味层层堆叠起来，
可以让油脂较多的食材吃起来更清爽。
关键在于保留苹果沙沙的口感，
让完成品呈现出固体质感。

用途

这是我为了搭配"**鲭鱼生鱼片**"（右页）而构思出来的酱汁。由于具有让油脂较多的食材吃起来更清爽的效果，因此搭配**烧烤猪肉**等应该也不错。
适合选用红玉苹果来制作。每颗苹果的酸味强度不同，因此请先尝尝味道，再加盐与砂糖来调整。

（横山英树 /（食）ましか）

苹果调味品

让苹果裹满香料的甘甜香气

材料

苹果…1 颗
柠檬汁…1/2 颗份
黄油…15g
白兰地…30ml
白胡椒…适量
香料…各适量
 ┌ 肉桂粉
 │ 肉豆蔻粉
 └ 丁香粉
蜂蜜…15ml
盐…适量

做法

1. 将苹果削皮，切成 1cm 见方的丁状。裹上柠檬汁来定色。
2. 于锅中放入黄油，以中火加热融解、将 1 加入拌炒，再倒入白兰地。
3. 炒至收干后，将白胡椒、香料、蜂蜜与盐加入。至于香料的香气浓度，假设肉桂是 1，那么肉豆蔻大约是 1/2，而丁香则是 1/10，请依此斟酌香料的添加量。
4. 用菜刀将 3 剁成喜好的大小。

保存方法与期限

冷藏可保存 4～5 天。

这道酱汁是先将苹果切成小丁状，
再添加香料炖煮而成的调味品。
自然很适合运用于甜点，
不过若想添加清爽风味、甜味或华丽的香气，
也可以将此酱运用于猪肉或内脏料理上。

用途

用来搭配**黑血肠**等**内脏料理**或**猪肉料理**。
佐**冰激凌**做成甜点也不错。

（绀野 真 /organ）

鲭鱼生鱼片佐苹果酱

（横山英树/（食）ましか）

"鲭鱼生鱼片"是关西的叫法，关东称为"醋腌鲭鱼"。盐与醋的浓度十分柔和，两者的味道都不会太突出，搭配上苹果酱的清爽酸味与甜味十分契合。

材料 10人份

鲭鱼…1kg
盐…30g
米醋…300ml
苹果醋（左页）…800ml
叶菜类嫩叶…适量

做法

1. 以三片刀法切剖鲭鱼，剥除鱼皮。于两面撒盐，静置1h左右。
2. 擦拭掉1的水分，整个浸泡于米醋中的状态，静置30min。翻面，再浸泡30min。
3. 擦拭掉2的水分，用保鲜膜包覆起来，放入冰箱冷藏熟成。隔天就是最佳的品尝时刻。
4. 将3切成方便食用的厚度，并排放入盘中。将苹果酱摆于鲭鱼上，再以叶菜类嫩叶缀饰。

葡萄乳霜酱

浓缩葡萄风味的乳霜酱

这是一道浓缩了葡萄甜味、酸味以及些微涩味的乳霜酱。
因为添加面粉而有了厚实的黏稠度，令人感受到一股怀旧的朴实滋味。

材料

葡萄（巨峰或猫眼）…500g
低筋面粉…30g
砂糖…30g
水…60ml

做法

1 将葡萄与水放入锅中，盖上锅盖，以小火将葡萄煮至软烂。
2 将 1 过滤。葡萄籽若压碎会变苦，因此要特别留意别压碎了。
3 将低筋面粉与砂糖放入调理钵中搅拌混合备用。此时将 2 趁热一点一点慢慢加入钵中，充分搅拌混合以避免产生颗粒。
4 将 3 放入锅中，小火煮 10～15min，持续搅拌以避免煮焦，将低筋面粉完全煮熟。
5 将 4 放入冰箱冷藏数小时冰镇。

保存方法与期限
冷藏可保存 2～3 天。

用途

意大利艾米利亚-罗马涅大区的科迪戈罗镇有一家意式餐厅"CAPANNA"，这是我在那里学到的酱汁。
到了葡萄的收成季节，就会用制作葡萄酒剩余的葡萄来制作这种甜点乳霜酱，再搭配一种名为"**意式坚果脆胼**（Sbrisolona）"（下记），用这种易碎掉屑的硬脆饼舀取乳霜酱来品尝。
我认为不妨佐上打发的**鲜奶油**，搭配**法式酥饼**做成拼盘来供应也很不错。

（永岛义国/SALONE 2007）

意式坚果脆饼（Sbrisolona）的做法

1 法国面包用的高筋面粉（200g）、磨细的意式粗玉米粉（200g）、带皮直接烤并剁成粗末的杏仁（200g）、细砂糖（150g）与盐（1 小撮），全部放入调理钵中搅拌混合。
2 将切成小块状并冰镇备用的奶油（200g）加入，搅拌混合。
3 于长型磅蛋糕模（长 15cm、宽 9cm、高 5cm）内涂抹奶油（分量外），接着放入面团，放入 170℃的烤箱中烘烤 25min。烤完后趁热从蛋糕模中取出，切成一口大小。

牛奶糖酱

浓厚的苦味与鲜奶油的浓郁是味道的重点

材料
细砂糖…80g
鲜奶油（乳脂成分38%）…80g

做法
1. 将细砂糖放入锅中加热煮焦。煮至喜好的焦度后即可离火。
2. 立刻将鲜奶油加入搅拌均匀，让锅底接触水来冷却。

保存方法与期限
冷藏可保存1周。

将细砂糖彻底煮焦来带出苦味，
再利用鲜奶油稀释，
即是一道口味十分浓郁的牛奶糖酱。

用途

可用于**所有甜点**。
与**香草冰激凌**特别对味。
亦可用**苹果、香蕉、西洋梨等水果的烧烤料理**来蘸裹此酱，或是绕圈淋于**面包**或**蛋糕**来品尝都十分可口。

（荒井 升/Restaurant Hommage）

香草奶油酱

香草的香气与鸡蛋的甜味

材料
蛋黄…60g
牛奶…120ml
香草棒…1/2根
细砂糖…50g

做法
1. 将蛋黄与细砂糖放入调理钵中，用打蛋器搅打混合成白色。
2. 将香草棒放入牛奶中加热。
3. 将**2**一半的量加入**1**中搅拌混合，再倒回**2**的锅中。边搅拌边加热至80℃即可离火，移放至调理钵中冷却。

保存方法与期限
冷藏可保存2天。

用鸡蛋与牛奶制成的法式基础甜点酱汁。
充分发挥出香草的浓郁香气，
衬托出鸡蛋的甜味。

用途

可用于**所有甜点**。
直接使用也可以，不过如果在供应前先用手持式搅拌棒搅拌成慕斯状，就会变成一道轻盈无比的酱汁。
此外，将香草奶油酱与牛奶以2:1的比例混合，再加入一些**水果**，即可成为一道**甜点汤品**。

（荒井 升/Restaurant Hommage）

卡士达奶油酱

要时常调整火侯以避免烧焦

将一半的低筋面粉改为玉米粉,调制成口感清爽的卡士达奶油酱。因为容易煮焦,必须不断地搅拌,看似快烧焦时就暂时先离火,频繁地做调整是非常重要的。

材料
牛奶…200g
香草棒…1/2 根
蛋黄…40g
细砂糖…45g
低筋面粉…10g
玉米粉…10g

保存方法与期限
冷藏可保存 2～3 天。一旦放入冰箱冷藏保存就会凝固,因此每次使用时必须用打蛋器搅打成滑顺状态。

用途
用于各种**甜点**。直接使用也不错,不过若与打发的鲜奶油混合,可调成更加轻盈的卡士达奶油酱。
(荒井 升/Restaurant Hommage)

做法

1　将蛋黄与细砂糖放入调理钵中。

2　用打蛋器搅打至颜色偏白为止。

3　搅拌混合完毕的状态。

4　将低筋面粉与玉米粉加入3中搅拌均匀。

5 搅拌混合完毕的状态。

6 将香草棒加入牛奶中,以小火加热。

7 将 **6** 的牛奶一半的量倒入 **5** 的调理钵中搅拌。

8 拌匀后,重新倒回 **6** 的锅中。

9 以小火加热 **8** 的锅子,边加热边用打蛋器不断搅拌。如果快烧焦则先离火,静置片刻后再重新加热。重复这样的步骤。

10 用打蛋器捞起,如果面糊会淌下呈缎带般,煮至这样的稠度即可离火。

11 移放至调理钵中,用保鲜膜紧密覆盖表面,静置冷却。

提拉米苏用的马斯卡邦尼奶酪
成品轻盈,极具个人特色

口感清爽,蛋的浓郁与
马斯卡邦尼奶酪的馥郁奶味
令人回味无穷。
蛋经过充分加热,因此不会有蛋腥味。

材料
蛋黄…3颗
马斯卡邦尼奶酪…250g
砂糖…25g+75g
鲜奶油(乳脂成分42%)…200g
吉利丁片…4g
白兰地…30ml
盐…少许

保存方法与期限
冷藏可保存2天,不过到了隔天风味会变差,因此尽可能于当天使用完毕。冷冻则可保存1个月。

用途

主要还是运用于**提拉米苏**(右页)。
日本也有些店家是采取不加热的做法,不过我是依循在意大利学习到的方式,将鸡蛋煮熟。
这么做不但可去除蛋腥味,还能杀菌。
传统的做法仅用蛋黄、砂糖与马斯卡邦尼奶酪来制作,而这道食谱则添加了鲜奶油,能使成品的口感更有轻盈感。
除此之外,这道甜酱也可以用于提拉米苏以外的**各式甜点**上,像是**与水果一起包入可丽饼中**也十分美味。
此外,能够用打蛋器搅拌来调整浓稠度,这也是加了鲜奶油才有的好处。不仅如此,因为加了吉利丁,较容易维持稳定的状态,即使冷冻过也不容易变质。
分别挤出1人份的量装入硅胶制模具,冷冻备用就很方便,使用时再放入冰箱冷藏解冻即可盛盘。

(永岛义国/SALONE 2007)

做法

1 将蛋黄、砂糖25g与盐放入调理钵中,隔水加热。用打蛋器搅打混合。

2 如照片般搅打至颜色偏白,加热至72℃后即可停止隔水加热。将事先泡软的吉利丁片加入,搅拌混合。

3 当**2**降至约50℃后,加入30ml的白兰地拌匀。

4 将马斯卡邦尼奶酪放入另一个调理钵中,用打蛋器搅打至柔软备用。

提拉米苏

（永岛义国 /SALONE 2007）

做法简朴的提拉米苏，
能够品尝到奶油最极致的美味。
不妨淋上剁碎的巧克力，
或是混入草莓等水果来做变化。

做法

1. 将手指饼干（1片）折半，并排放入器皿中。饼干是选用意大利的手指饼干（biscotti savoiardi）。
2. 将意式浓缩咖啡（1/2杯）注入 1 中，将提拉米苏用的马斯卡邦尼奶酪（左页，30g）摆于上方。
3. 用滤茶网将可可粉撒于其上。再一次重复 1～2 的步骤，堆叠上去。

5. 当 3 降至约 40℃后，将 3 一半的量加入 4 的调理钵中，搅拌混合。

6. 拌匀后，再将剩下那一半的量加入。

7. 于鲜奶油中加 75g 的砂糖，打发至 8～9 分的程度（捞起会有尖角，不易塌陷的状态）。

8. 将 6 分 2～3 次加入 7 中，每次加入都用橡胶锅铲大致搅拌混合。倘若马斯卡邦尼奶酪太软塌，只要用打蛋器搅打，即可提高浓稠度。

巧克力酱

浓醇，正是巧克力的魅力所在

材料

A ┌ 巧克力…10g
  │ 鲜奶油（乳脂成分38%）…15g
  │ 细砂糖…70g
  └ 水…70g
可可粉…50g

做法

1 将 A 放入锅中加热。
2 沸腾后，加入可可粉，搅拌混合后即可离火。

保存方法与期限

冷藏可保存1周。

可以尽情享受巧克力美味的浓郁酱汁。
以常温状态来使用也 OK，
也可加热后淋于冰激凌等冷制点心，
享受两者间的温度差也很不错。

用途

可广泛运用于所有**甜点**。加热后淋于**冰激凌**上，作为**法式圣代**的酱汁，或是佐**蛋糕**来享用都不错。
（荒井 升 /Restaurant Hommage）

巧克力冰点（Tout Chocolat）

（荒井 升 /Restaurant Hommage）

用巧克力酱、巧克力冰激凌、巧克力口味鲜奶油与
巧克力布朗尼做成拼盘，将巧克力发挥得淋漓尽致的一道甜点。

材料

巧克力酱（上记）/1 人份 30ml
巧克力冰激凌 /40 人份
　巧克力（剁碎）…450g
　蛋黄…100g
　细砂糖…280g
　牛奶…1L
　黄油（切成小块）…60g
　鲜奶油（乳脂成分 38%）…125g
巧克力布朗尼 /20 人份
　60% 以上黑巧克力（剁碎）…110g
　黄油（切成小块）…156g
　蛋…3 颗
　糖粉…150g
　榛果（剁碎）…140g
　可可粉…10g
　低筋面粉…66g

尚蒂利焦糖巧克力 /6 人份
　焦糖巧克力（法芙娜巧克力）*…36g
　鲜奶油（乳脂成分 38%）…78g
巧克力薄盘 /1 人份 1 片
　巧克力…适量

＊经过焦糖化处理且添加牛奶的牛奶巧克力。

做法

1 制作巧克力冰激凌。
①将蛋黄与细砂糖放入调理钵中，用打蛋器搅打混合至整体变成偏白的颜色为止。
②将牛奶倒入锅中加热，逐次少量地加入①中搅拌混合。
③将巧克力隔水加热至融化，与②搅拌混合。
④将③重新倒回锅中，以小火煮至呈浓稠状。
⑤将④放入冷冻库一个晚上，冰冻后取出倒入多功能料理机中。打至滑顺后，再将黄油与鲜黄油加入搅打拌匀。

2 制作巧克力布朗尼。
① 将 60% 以上的黑巧克力与黄油放入调理钵中,隔水加热至融化,搅拌混合。
② 将蛋与糖粉放入另一个调理钵中,用打蛋器搅打混合至整体变成偏白的颜色为止。
③ 将①的材料加入②的调理钵中,搅拌混合。
④ 将榛果、可可粉与低筋面粉加入③中,大致搅拌混合。
⑤ 将④倒入模型中,放入 180℃的烤箱中烘烤 20 ~ 25min。冷却后切成 3 ~ 4cm 的块状。

3 制作尚蒂利焦糖巧克力。将焦糖巧克力隔水加热至融化,与打发至 7 分程度的鲜奶油搅拌混合。

4 制作巧克力薄盘。隔水加热使巧克力融化,进行调温 *。将直径 10cm 的模具置于塑料垫上,倒入薄薄一层调过温的巧克力,冷却后用抹刀轻刮使之脱模。

5 装盘。
① 将尚蒂利焦糖巧克力放入玻璃杯底部,再将布朗尼巧克力与巧克力冰激凌摆于其上。
② 将巧克力薄盘放于玻璃杯口上。将以隔水加热好的巧克力酱倒入别的容器中佐上。
③ 上餐时,在顾客面前将巧克力酱淋在巧克力薄盘上方。

* Tempering,可可内含多种不同油脂,因此熔点会因结构而异。以加温及冷却过程交替来控制油脂结晶,可使巧克力变硬、变脆、达到表面光滑、硬脆、口感佳的效果。

比切林酱

巧克力 × 咖啡 × 榛果

材料
Gianduja 巧克力 *…100g
意式浓缩咖啡…40g
鲜奶油（乳脂成分 38%）…45g

* 一种混了坚果糊的巧克力。选用榛果口味。

做法
将榛果巧克力隔水加热至融化，再将意式浓缩咖啡与鲜奶油加入搅拌混合。

保存方法与期限
冷藏可保存 1 周，冷冻可保存 4 周。

比切林（Bicerin）是加了意式浓缩咖啡与榛果奶油的热巧克力，
是意大利皮埃蒙特的都灵特有的热饮。
将这种"比切林"运用来作为甜点酱。

用途

意大利的用法是以此酱与**香草奶油酱**一起佐于掺了利口酒的 **Torta**（蛋糕）来享用。
此外，意式甜点**阿芙佳朵（Affogato）**，是以热呼呼的意式浓缩咖啡淋于**香草口味的意式冰激凌（gelato）**上，不妨依循此法为此酱淋于**冰激凌**上。

（汤浅一生 /BIODINAMICO）

好简单！炼乳酱

可调整甜度的手工炼乳

材料
鲜奶油（乳脂成分 42%）…1L
砂糖…200g

做法
1 将鲜奶油与砂糖倒入锅中，隔水加热将砂糖煮至融化。
2 用手持式搅拌棒搅拌至滑顺状态。
3 放入冰箱冷藏冰镇。

保存方法与期限
冷藏可保存 1 周。

仅用鲜奶油与砂糖制作而成的简单炼乳酱。
砂糖的分量基本上是鲜奶油的 20%，
可依喜好做调整。
未加多余素材的爽口滋味最是迷人。

用途

可作为**甜点酱**，与各式各样的甜点都对味。用来取代**焦糖**淋于**布丁**上，即成柔和的好滋味。若要淋于**草莓**上，砂糖量加倍应该会刚刚好。请增减砂糖用量来调整甜度与浓度。

（横山英树 /（食）ましか）

绿豆椰子酱/绿豆酱

味道温和的绿豆馅酱汁

绿豆椰子酱

绿豆酱

将绿豆煮成甜甜的绿豆馅，
再用椰奶或热水稀释成酱汁。
想直接品尝绿豆馅温和的滋味，
就使用热水来稀释，
若想增添浓郁度，
则使用椰奶即可。

材料

绿豆馅…自下列分量中取 75g
　绿豆（去皮）…250g
　细砂糖…200g
　水…400ml
　盐…1 小撮
椰奶热水…50ml

做法

1 制作绿豆馅。
① 绿豆先用水清洗，再于水中浸泡 2 ~ 3h。
② 将①的绿豆沥干水，与分量中的水一起倒入锅中加热，沸腾后边煮边捞除浮沫。
③ 绿豆煮软后，将细砂糖与盐加入，边加热边用木锅铲搅拌熬煮，煮至水分收干。
④ 煮到变得黏糊糊后，倒入方形平底铁盘冷却。

2 将椰奶或热水加入绿豆馅中搅拌混合。加入椰奶便成了绿豆椰子酱，若加入热水则成为绿豆酱。

保存方法与期限

冷藏可保存 2 ~ 3 天（绿豆馅冷冻可保存 2 周）。

用途

这两种酱汁都可淋于**冰激凌**上，或是用于**冷制豆腐** Chè（越南甜点，于绢豆腐上放碎冰并淋上甜酱）。

此外，也可以加入**珍珠**或**香蕉**来加热，做成**温热 Chè**（越式红豆汤），可依红豆馅的用法来运用绿豆馅，也可以作为**白色汤圆**的内馅，再淋上**生姜糖浆**（p.186），或是做成**牡丹饼***。

这种温和的味道类似磨成泥的红薯，因此红薯口味的甜点亦可用此酱来代替番薯。

（足立由美子/Maimai）

* 又称萩饼，日本和菓子，主要是包红豆馅的糯米丸子。

椰奶酱
稠稠的热带风味

于椰奶中增添甜味的甜点酱。
用太白粉水勾芡，
调整成方便运用的浓度。

材料
- 椰奶…400ml
- A 细砂糖…50g
- 盐…1小撮
- 水…200ml

太白粉水（将以下搅拌混合）
- 太白粉…1大匙
- 水…1大匙

做法
1. 将 **A** 放入锅中加热。
2. 细砂糖溶解且煮沸后，转成小火。将太白粉水加入搅拌混合，煮至滚沸。

保存方法与期限
冷藏可保存 2～3 天。

用途

淋于**冰激凌**上，再撒上压成粗粒的**花生**，就成为一道亚洲风味的甜点。

亦可作为**法式圣代**的酱汁。越南是用此酱搭配**冷制 Chè**（用粗碎冰、水果、果冻、豆沙等配料层层堆叠而成的越式刨冰），或是加入**香蕉**或**红薯**轻炖后，制成**温热 Chè**（越式红豆汤）。

（足立由美子 /Maimai）

生姜糖浆
炖煮生姜调制成糖浆

细细炖煮生姜制作而成的简朴糖浆。
除了生姜，仅加了砂糖，
可以提引出最纯粹的姜味。

材料
- 生姜（切成薄片）…45g
- 三温糖*…80g
- 水…500ml

* 日本特有糖品，以蔗糖液经结晶后剩余的糖液，再经过三次加热和结晶处理而成，故有此名。色泽偏黄，具有浓烈甜味。

做法
将所有材料放入锅中加热。煮至沸腾后转为小火，炖煮 20min，煮至冒泡。

保存方法与期限
冷藏可保存 4～5 天。

用途

利用气泡水稀释，即可成为自制的**姜汁汽水**。
越南是以此酱淋于**豆腐 Chè**（加热绢豆腐，再淋上糖浆的甜点），或是淋于包绿豆馅的**白色汤圆**来享用。

（足立由美子 /Maimai）

冷制 Chè

(足立由美子/Maimai)

"Chè"就是越式刨冰甜点，
不同店家会用各式各样不同的配料。
这道是将冰块、果冻、煮得甜甜的豆子与豆
沙等装入玻璃杯中，
再淋上椰子酱制成的冷制 Chè。

材料 1人份
椰奶酱（左页）…40g
仙草冻（市售，罐头）…40g
糖浆（市售）…适量
水煮红豆（加糖，市售）…35g
绿豆馅（p.185）…20g
蜜黑豆（市售）…5粒
蜜白花豆（市售）…2粒
碎冰 *…适量
烤椰子片…适量
花生（压成粗粒）…适量

* 用碎冰机等打碎的冰块。

做法
1. 将仙草冻切成 2cm 见方的丁状。放入糖浆中浸泡约 2h，吸收甜味。
2. 将水煮红豆、绿豆馅、蜜黑豆、蜜白花豆与 1 的仙草冻依序放入玻璃杯中，再淋上椰奶酱。将碎冰摆于上面，最后撒上烤椰子片与花生粒。

菠萝椰子慕斯酱
感受夏季风情的泡沫状甜点酱

灵感是来自菠萝可乐达，
这是一种源自加勒比海的鸡尾酒，
于菠萝汁与椰奶中添加朗姆酒，
此处运用来作为甜点酱。
作成入口即化的绵密泡沫状，
强调出夏日风味。

材料
菠萝汁…200g
椰子泥…175g
青柠汁…25g
泡沫增稠剂*…35g

* 利用奶油发泡器将液体或泥状物打成泡沫状时，所添加的粉末增稠材料。

做法
1 将所有材料放入调理钵中，用手持式搅拌棒搅拌混合均匀。
2 将1倒入奶油发泡器中。
3 出餐的前一刻充分摇晃发泡器，接着将瓶身倒置，拉把手挤出泡沫状酱汁。

保存方法与期限
使用时才制作，尽快使用完毕。为了供应午餐而制作的酱汁，请于营业时间内使用完毕，不要留到晚餐时间。为了供应晚餐而制作的话，则于当天使用完毕。

用途
这是为了搭配夏季甜点"**菠萝与椰子甜点，菠萝可乐达**"（下记）而生的慕斯酱。
运用方式是将菠萝可乐达的主要材料**菠萝**与**椰子**制成甜点，组合起来再淋上这道慕斯酱。这里是用**蜜菠萝、椰香雪酪**与**菠萝冰沙**的组合，也可以加工成各种形式，像是**法式奶冻**（Blanc Manger）或**果冻**之类的，即可制作出各式各样的变化组合。

（荒井 升 /Restaurant Hommage）

菠萝与椰子甜点 菠萝可乐达
（荒井 升 /Restaurant Hommage）

将以菠萝汁与椰奶作为基底的鸡尾酒"菠萝可乐达"重新诠释制成甜点。
完成时撒上的莱姆叶粉能展现出
热情洋溢的夏日氛围。

材料
菠萝椰子慕斯酱（上记）…适量
蜜菠萝 /60 人份
　黄金菠萝…1颗
　藏红花…2小撮
　细砂糖…120g
　水…500g
　小豆蔻…3粒
菠萝冰沙…适量
　菠萝汁…适量
椰香雪酪 /60 人份
　椰子泥…700g
　透明麦芽糖…50g
　细砂糖…50g
　水…100g

青柠叶粉 /20 人份
青柠叶油
　青柠叶（马蜂橙叶）…1片
　米糠油…60ml
　高效能油脂转换粉*…30g

* 以木薯淀粉作为原料的粉末。具有吸附油脂的特性，希望将油等制成粉末状时，加入搅拌混合来使用。

做法
1 制作蜜菠萝。
①黄金菠萝先去叶、削皮、去芯，再将果肉切成1cm见方的丁状。
②将藏红花、细砂糖与水倒入锅中，加热至沸腾后，加入小豆蔻即可离火，将①加入浸渍一晚。
2 制作菠萝冰沙。将菠萝汁冷冻起来。供餐时再用汤匙挖取装盘。
3 制作椰香雪酪。
①将透明麦芽糖、细砂糖与水倒入锅中，加热至沸腾后冷却。

②将椰子泥加入①中拌匀,放入磨冰机的专用杯中冷冻。
③将②放入磨冰机中打碎,制成滑顺的雪酪。

4 制作青柠叶粉。
①将青柠叶加入米糠油中,静置半天以上,制成青柠叶油。
②将高效能油脂转换粉加入青柠叶油中拌匀。

5 盛盘。将蜜菠萝、菠萝冰沙与椰香雪酪依序盛入玻璃杯中。将菠萝椰子慕斯酱填入奶油发泡器中,挤出泡沫于雪酪上方。将青柠叶粉撒于泡沫上。

厨师与取材店家介绍

足立由美子

大学毕业后当过上班族，随后便到西班牙留学。回日本后，进行西班牙与中南美饮食文化研究，期间因听闻"越南料理十分有趣"，于是为了研究料理而越洋到越南。为当地饮食文化的独特性与多样性所折服，因而开始频繁地造访。1998年于江古田开了一家"Maimai"越南杂货店，在越式厨房中贩卖可爱的日常杂货与烹调用具。自2001年起，于店里的一隅设置了一小块咖啡馆区，开始供应越式法国面包等。2005年转变营业型态，改成越南菜餐厅，供应下酒菜与定食等，靠着体现当地氛围的装潢与料理风味，吸引了不少越南料理爱好者。2013年于近郊开店经营另一家姊妹店"Ecoda Hem"。

在越南料理中，又以越式法国面包（三明治）与下酒菜方面的造诣较精深，着有《はじめてのベトナム料理》（柴田书店，合着）、《バインミー》（文化出版局）等。在本书中，分别针对越南的调味酱与其变化做了介绍。

Maimai
东京都练马区旭丘 1-76-2
03-5982-5287

荒井 升

自厨师学校毕业后，曾于法式餐厅就职，24岁时赴法国。于"Auberge La Feniere"（普罗旺斯）、Regis Marcon先生率领的"La Cime"（隆河，阿尔卑斯）等店学习，累积了约1年的经验。2000年，于出生地浅草开店经营法式餐厅"Restaurant Hommage"，2009年迁移至近郊。午餐价位为3600～10000日元，晚餐则供应10000～15000日元不等的套餐（税金及服务费皆另计）。

新式的摆盘，精致考究的风味，却仍可感受到深处蕴含着对经典法式料理的敬意。酱汁可视为一种辅助角色，用来衬托主菜，调整一道料理的平衡或套餐的整体上餐流程。如何利用香气、如何发挥酸味、运用怀旧与朴实滋味又可增添什么样的层次，他无时无刻都留意着这些细节。

Restaurant Hommage
东京都台东区浅草 4-10-5
03-3874-1552

永岛义国

自厨师学校毕业后，任职于数家意式餐厅，2003年担任"Ristorante Carmine"的主厨。2005年赴意大利。5年旅居期间，从伦巴第大区、威尼托大区、弗留利－威尼斯朱利亚大区、利古里亚大区、艾米利亚－罗马涅大区、托斯卡纳大区，到西西里岛，合计于8家有星级餐厅学习。回日本历经数家餐厅后，于2015年5月任职"SALONE 2007"的主厨。该餐厅仅供应10道主厨精选套餐（午餐5000日元，晚餐12000日元，税金及服务费另计），每月变换菜色。

在那么多处的学习地点中，又以弗留利－威尼斯朱利亚的地方料理，以及在西西里岛修业的"Madia"（二星级）的料理最令他惊叹不已：在弗留利－威尼斯朱利亚颠覆了他对意式料理的既定观念；在西西里则是见识到当地将食材原味发挥到极致的呈现方式。本书中除了番茄酱等基础酱汁外，还为大家介绍他在意大利南北两区习得的新奇酱汁。

SALONE 集团
SALONE 2007
神奈川县横滨市中区山下町 36-1
巴尼斯纽约精品店百货横滨店 B1F
045-651-0113

冈野裕太

高中毕业后，于 2 家意式餐厅任职 3 年半后，2009 年远赴意大利。于皮埃蒙特、普利亚大区、伦巴底大区、特伦蒂诺上阿迪杰大区、马尔凯大区等地学习。在旅居不到 4 年的期间，近一半的时间待在坎佩尼亚大区的拿波里餐厅"Taverna Estia"，那些乍看下朴实无华，却强烈又深层地提引出食材风味的料理，对他产生极深远的影响。

2013 年 6 月回到日本，担任大阪"Quintocanto"餐厅的副主厨，2015 年 5 月，年仅 28 岁就当上"IL TEATRINO DA SALONE"的主厨。该店消费价格为午餐 8500 日元，晚餐 12000 日元（税金及服务费皆另计），仅供应一共 12 道料理组成的主厨精选套餐，菜单每月变更。依循在意大利体验到的料理传统，以及 Cucina Creative（创意性料理之意，以意大利传统料理或地方料理为基础）的精神，每月都会构思新的套餐。2017 年就任石垣岛的私人会所"Jusandi"主厨。本书除了基础的酱汁，重点介绍他于拿波里学习到的酱汁。

SALONE 集团
IL TEATRINO DA SALONE
东京都港区南青山 7-11-5
HOUSE7115B1F
03-3400-5077

绀野 真

1969 年生于东京。1987 年赴美，边上大学边做着摇滚明星梦，却以梦碎结束。于餐饮店工作期间，开始有了开店的念头。1997 年回日本后，于咖啡店"Vasy"（原宿）、法式餐馆"Au Rendez-Vous"（世田谷）工作，2005 年于三轩茶屋开店经营"Uguisu"。店铺位置不便，从车站徒步需 20 分钟以上，然而，店内以旧物古董配置得极富品味，并备有丰富的自然葡萄酒*以及能与之搭配的料理，因这种前所未见的餐厅风格而深获好评，成了一家生意好到预约不到的热门餐厅。

2011 年，二号店"organ"于西荻洼开张。开店后也立刻成了与"uguisu"一样一座难求的人气餐厅。"organ"以绀野先生自学习得的法式料理技术与理论为基础，除了供应酥皮法式馅饼（Pâté en croute）这类传统料理外，另外也供应自由发挥构想、融合了日式或亚洲调味料的料理。于本书中为我们介绍了店里使用的酱汁、泥酱与调味酱。

* 使用有机栽种的葡萄，酿造过程中不用任何化学原料，采古法酿制而成的葡萄酒。

organ
东京都杉并区西荻南 2-19-12
03-5941-5388

中村浩司

大学毕业后，曾当过上班族，但依旧割舍不掉成为厨师这个长久以来的梦想，因此任职 2 年便离职。曾于百货公司的餐厅、法式餐厅、酒吧厨房等处任职。于 2006 年进入 HUGE 股份有限公司，于该公司经营的"Restaurant Dazzle"（银座）任职。2009 年西班牙风意式餐厅"Rigoletto"的中目黑店开张时，任主厨一职。其后还参与开设墨西哥料理餐厅的营运事宜。目前为总料理长，负责包含墨西哥料理餐厅旗舰店"Hacienda del cielo"在内的所有运营事宜。

因为墨西哥是个风土与文化都与日本迥异的国家，因此墨西哥料理餐厅供应的料理，都是由他提案，运用巧思将墨西哥料理的美味精华，转化成符合日本人的口味。墨西哥料理的酱汁，主要分莎莎酱与莫雷酱两种类型，莫雷酱本身即是主角，烹调料理是为了品尝其酱汁。书中针对可灵活搭配各式料理的莎莎酱，教授其各种变化。

Hacienda del cielo
东京都涩谷区猿乐町 10-1
Mansard 代官山 9F
03-5457-1521

中山幸三

预约不到的人气餐厅"赞否两论"开店以来，于笠原将弘先生名下学习日本料理，累积了6年经历后，于2009年12月独立开设"幸せ三昧"，是一家"大人专用居酒屋"，以让顾客轻松享受正宗的日本料理为理念。无论从广尾、惠比寿、涉谷的哪个车站，徒步抵达该餐厅皆需要15分种，尽管位置条件处于劣势，仍以平易近人的价格以及性价比很高的套餐料理（2015年8月时为5000日元）广受好评，成为经常都客满的人气餐厅。

套餐料理的组合上要有多样性，不能令顾客吃腻，因此能让料理层次分明的调味酱或酱汁是不可或缺的。夏天运用能促进食欲的酸味佐料，冬天则准备浓郁的食材。此外，关于调味酱或酱汁，配合清淡食材选用清淡的味道以达到衬托食材之效；另一方面，若是食材缺乏油脂或是鲜味不足的时候，也可担当起弥补食材不足之处的作用。

幸せ三昧
东京都涉谷区东 4-8-1
03-3797-6556

西冈英俊

曾于上海料理名店"Chef's"拜已故王惠仁先生为师。10年后，到意大利、西班牙等地工作。2009年8月于新宿三丁目开店经营"Chinese Tapas Renge"。菜单以著名的中国小菜作为前菜，一共备有约50道料理，揉合了各国料理的精华，开拓出风味独具的料理世界。

2015年6月餐厅迁移至银座。希望不受中国料理的框架限制，更不受拘束地表现料理自身的特点，出于此想法而将店名变更为"Renge equriosity"。"Equriosity"是西冈主厨自己构思出来的自创文字，撷取自"方程式""好奇心"与"探究"这3个字的英文。菜单中只有一款，由约15种料理组成的主厨精选套餐（1万5000日元起）。主厨时刻思索着如何提引出无杂质的鲜味，由此而生的料理也吸引不少爱好者。本书介绍了基于该料理哲学而探索出的自制调味料与酱汁。为了提引出食材最纯粹的精华而构思的创意相当值得一看。

Renge equriosity
东京都中央区银座 7-4-5
GINZA745 大楼 9F
03-6228-5551

汤浅一生

于烹饪学校就读期间，在一趟意大利之旅中，惊艳于托斯卡纳料理的美味，因而强烈希望学习这种料理。毕业后，于数家意大利餐厅工作5年。2011年，26岁的他远赴意大利，进入心心念念的托斯卡纳大区佛罗伦萨的烹饪学校，一年期间扎实地学习托斯卡纳料理。其后，又于该大区的"Mangiando Mangiando"学习10个月。一道香炒蔬菜酱底，因不同的料理就有不同的做法，连每道料理的煎煮方式或使用食材的部位，都有严格的规则。留学期间吸收到的许多托斯卡纳料理精随，都是在日本学习不到的。随后，为了学习意大利面料理，转移至艾米利亚-罗马涅大区，于2012年回日本。

于"SALONE 2007""IL TEATRINO DA SALONE"担任副主厨后，2015年6月至"BIODINAMICO"担任主厨。该餐厅供应7道午餐，价位为3800日元，晚餐则有9道，为9500日元的主厨精选套餐（皆为未税），每月更变菜单。本书主要介绍他在托斯卡纳习得的酱汁。

SALONE 集团
BIODINAMICO
东京都涉合区神南 1-13-4
フレームインボックス 2F
03-3462-6277

横山英树

自厨师学校毕业后，曾于大阪茨木的"Trattoria Luna Piena"与心斋桥的"Colosseo"就职，后又在"Ponte Vecchio"连锁店工作3年。其后，至京都的"Bassano del Grappa"（目前停止营业）就职，又于淀屋桥的"Ottimista"担任3年半的主厨。2011年，与拥有侍酒师资格认证的今尾真佐一先生一同开店经营"（食）ましか"，并担任主厨。

店面是香烟专卖店加以改装，但是仍维持香烟店的外观（实际上也有贩卖香烟）。午餐时间除了手工三明治外，还供应1～3种组合的咖哩饭（800日元起）。晚餐的特色在于，能以自由的风格来享受变化丰富的料理与自然葡萄酒。发挥在意大利餐厅长年工作的经验，制作地道的意大利面与肉类料理；另一方面也备有鲭鱼生鱼片与南蛮炸鸡这类日式的料理。构思新颖且风格独树一帜，不受既有观念束缚，将各式各样的食材与调味料融入自己的料理中。书中为我们传授他以这种富有弹性的观念持续研发出来的酱汁。

（食）ましか
大阪府大阪市西区江户堀1-19-15
06-6443-0148

米山 有

曾做过电视节目策划，后来成为厨师。最初的学习餐厅是位于下北泽的西式厨房餐厅，是可边烹调边接待客人的开放式厨房，他也因此深深为那种营业型态的趣味性所着迷。其后又于法式餐厅等处学习，2009年于神泉开了一家"ぽつらぽつら"西式餐饮酒吧，以12人座的开放式厨房为主体，另备有6人座餐桌。平常备有约40道料理，包含下酒菜、蔬菜料理、鱼类料理、肉类料理与饭类料理，套餐料理为3500日元起。酒类品种丰富，除了严选约20种日本酒外，还备有约150种日本葡萄酒。料理方面，供应的酒肴有古冈佐拉奶酪慕斯酱，也有生鱼片；用于烤猪与蔬菜的酱汁，则是结合了巴萨米可醋与金山寺味噌，每一道料理皆可感受到米山先生广泛的学习经历。此次于本书中，除了介绍店里供应的下酒菜蘸酱、油炸料理与肉类料理的酱汁外，还提出了充满创意的酱汁＆蘸酱方案，像是"茶豆明太子蘸酱""番茄干、盐昆布与生火腿的油酱"等。

ぽつらぽつら
东京都涉谷区图山町22-11
堀内大楼1F
03-5456-4512

补充食谱（依刊载顺序）

法式蔬菜冻（米山 有 / ぽつらぽつら）

料理图片→p.13

材料（长28cm的法式冻模具1个）
高丽菜…5～8片
西蓝花…1/3颗
菜花…1/3颗
香菇…8片
玉米笋…8根
秋葵…8根
四季豆…10根
豌豆荚…6根
绿、黄色节瓜…各1条
红、黄甜椒…各1/2颗
番茄冻液
　番茄汁 *1…630ml
　洋菜 *2…45g
　白酒醋…10ml
　盐…适量

*1 番茄汁的做法：摘除番茄（24颗）的蒂头，放入搅拌机中打成汁液。将铺了厨房纸巾的滤勺叠放在调理体上，将打成汁液的番茄倒入其中。放入冰箱冷藏静置6h，过滤。完成品呈现澄清的状态。
*2 以卡拉胶（从海藻类萃取出的成分）为主原料制成的凝固剂。

做法

1 削掉高丽菜芯。西蓝花和菜花剥成小朵状。切除香菇的蒂头。将玉米笋与秋葵的两端切除。四季豆与豌豆荚切成3～4cm的长度。绿、黄色节瓜切成3～4cm的长度，再纵切成4等份。红、黄甜椒则切成厚度2cm的圆片，再对切成半。并将这些材料全部蒸成稍硬的状态。

2 将煮好的高丽菜铺于蔬菜冻模里，适当地叠合，并将模具的内侧完全覆盖，让最后要作为盖子的部分超出模具的四面外框。

3 将高丽菜以外的蔬菜塞入 2 的模具中。使同一种蔬菜纵向并排成一列，注意要塞得紧密无缝隙，以便从任何一处切下，切片都能包含所有的蔬菜。

4 制作番茄冻液。加热番茄汁，于即将沸腾前将洋菜加入溶解。加入白酒醋，加盐调味。

5 将 4 的番茄冻液趁热注入 3 的模具至边缘处，再用 2 超出来的高丽菜叶覆盖，作为盖子。让模具接触冰水，使冻液凝固，再放入冰箱冷藏冰镇。

甜椒与夏季蔬菜色拉佐鲲鱼酒醋酱（荒井 升 / Restaurant Hommage）

料理图片→p.16

材料 4人份
红甜椒…1颗
黄甜椒…1颗
橙甜椒…1颗
鲲鱼酒醋酱（p.16）…80g
四季豆（细的）…4根
西蓝花（剥成小朵状）…4朵
迷你秋葵…4根
结球红菊苣…适量
玉米…适量
叶类蔬菜与香草…各适量
　水菜
　叶菜类嫩叶
　胭脂菜
　细香葱
　细叶香芹
　酢浆草
大蒜（压碎）…1瓣
百里香…1根
E.V.橄榄油、油炸用油…各适量

做法

1 3种甜椒整颗放入180℃的油炸用油中清炸5min。放入方形平底铁盘，用保鲜膜覆盖起来，利用余热让外皮膨胀。

2 将 1 的甜椒外皮剥除。果肉纵向切分成4等份，去籽。放入方形平底铁盘中，将大蒜与百里香摆于上面，注入E.V.橄榄油至食材可稍微浮出的程度，渍泡半天以上。

3 将四季豆与西蓝花快速汆烫，切成方便食用的大小。秋葵仅剥除萼的根部较硬的部位，快速汆烫并纵切成半。将结球红菊苣切成一口大小。玉米经过汆烫后，从下方沿着芯处下刀，剥下玉米粒。

4 将 2 的甜椒，每片纵向切3等分，呈细长条状。将直径10cm的模具置于盘中，底部铺上一层鲲鱼酒醋酱。3种甜椒各取3片卷成圆柱并立放于模具中。将 3 摆上，取下模具，再以叶类蔬菜与香草缀饰。

香煎鲷鱼佐鲷鱼酒醋酱（荒井 升/Restaurant Hommage）

料理图片→p.17

材料 1人份
鲷鱼…60g
鲲鱼酒醋酱（p.16）…适量
节瓜（切成厚度1cm的圆片）…2片
自制半干番茄干*…2切片

叶菜类嫩叶（红酢浆草）…适量
E.V.橄榄油、盐、胡椒…各适量

* 自制半干番茄干的做法：番茄稍微烫过并冰镇后剥去外皮，纵切4等分并去籽。置于烤盘上，每1个切片上放1粒falksalt海盐，1片百里香叶以及1瓣大蒜切片，放入80℃的烤箱中加热2h。

做法

1 鲷鱼于煎煮前一刻，在鱼肉一侧轻撒盐与胡椒。
2 将E.V.橄榄油滴入平底锅中加热，将1的鱼皮朝下入锅中干煎。用中火加热至7分熟左右，关火，将鲷鱼翻面，转为小火从鱼肉那面加热至9分熟。离火，利用余热加热至熟。
3 将节瓜置于烤网上以直火烤。
4 将3铺于盘中，摆上自制半干番茄干与2。以叶菜类嫩叶作为点缀，再佐上鲲鱼酱。

汤浅一生/BIODINAMICO

料理图片→p.64

材料
牛舌…1kg
鸡翅…1kg
猪五花肉（块状）…1kg
洋葱（对切成半）…3颗
红萝卜（纵切成半）…2根
芹菜（折半）…4根
水…10l
岩盐…100g
盐、黑胡椒粒…适量

做法

1 用流水洗去牛舌的黏液。
2 将所有材料放入锅中，以大火烹煮。于即将沸腾前捞除浮沫，转为小火炖煮。
3 从煮熟的食材开始取出。炖煮的时间基准为：鸡翅约30min，猪五花肉约2h以上，牛舌则煮2～3h。牛舌炖煮完成后将外皮剥除。

烟熏鸡胸肉佐红椒冻（绀野 真/organ）

料理图片→p.111

材料 4人份
鸡胸肉…1片
烟熏用木屑（樱花树）…适量
红椒泥酱（p.110）…100ml
吉利丁片…红椒泥酱重量的6%
腌渍红椒…自下列分量中取适量
　红椒…2颗
　香菜籽（整颗）…6粒
　青柠汁…1/8颗
　莳萝叶（剁碎）…1枝
　白酒醋…5ml
　E.V.橄榄油…5ml
荷兰芹罗勒青酱*…适量
盐…适量

* 荷兰芹罗勒青酱的做法：去除罗勒（50g）与意大利荷兰芹（25g）的茎梗，与大蒜（1瓣）、磨碎的帕玛森奶酪（1.5大匙）与盐（适量）一起放入搅拌机中，搅打至滑顺的糊状。

做法

1 制作烟熏鸡胸肉。
①将鸡胸肉去皮，撒上盐。
②将烟熏用木屑放入锅中，取一个比锅子口径大的烤网置于其上，以大火加热。
③待冒出烟后，将擦拭掉水气的①放到烤网上，用调理钵当盖子，上下颠倒覆盖。
④当白烟弥漫于整个调理钵中后即可离火。待锅子冷却后，取出鸡肉，放入130℃的烤箱中加热10min左右。放入冰箱冷藏冰镇备用。

2 于锅中加热红椒泥酱，再将用水泡软的吉利丁加入溶解，将1置于烤网上，红椒泥酱绕圈淋于其表面，放入冰箱冷藏一个晚上备用。
3 制作腌渍红椒。
①红椒以新鲜的状态直接剥皮并切丝，撒盐使之变软。
②将香菜籽粗略压碎，与青柠汁、莳萝叶、白酒醋与E.V.橄榄油一起加入①中。加盐调味。
4 将荷兰芹罗勒青酱倒入盘中，将2削成厚度1cm的厚度，盛盘。佐上腌渍红椒。

法式猪肉卷，佐红椒泥酱（绀野 真/organ）

料理图片→ p.111

材料

法式猪肉卷/10 人份
- 猪五花肉块（带皮）…2kg
- A
  - 蛋…1 颗
  - 面包粉…10g
  - 红椒粉…2 大匙
  - 意大利荷兰芹叶（切成碎末）…约 20 枝
- 放凉的鸡骨汤*1…适量

红椒泥酱（p.110）…适量

巴斯克炖红椒/准备的量
- graisse d'oie（鹅油）…30g
- 大蒜（切成粗末）…2 瓣
- 生火腿（切成碎末）…2 片
- 红椒…10 ~ 13 颗
- B
  - 油封鸭冻*2…60ml
  - 红椒粉…2 小匙
  - 埃斯普莱特辣椒粉*3…1 小匙
  - 百里香…3 ~ 4 枝

香煎小土豆/准备的量
- 小土豆…4 颗
- C
  - 红葱头（切成碎末）…1 小匙
  - 大蒜（切成碎末）…1/2 小匙
  - 意大利荷兰芹…1/2 枝
- 橄榄油…各适量

水波蛋/1 人份
- 蛋…1 颗
- 米醋…适量

西洋菜…适量

盐、胡椒…各适量

*1 将提味蔬菜（大蒜、洋葱、红萝卜、芹菜、月桂叶、百里香或荷兰芹的茎梗）加入整鸡煮沸而成的汤。
*2 油封鸭的煮汁冰镇后，凝结于底部的冻状物。
*3 法国巴斯克地区的埃斯普莱特村所产的红辣椒粉。

做法

1 准备法式猪肉卷。
① 将猪五花肉块均匀撒上盐，悬挂于冰箱冷藏 7 天，使之风干。
② 从距离猪皮 1 ~ 1.5cm 的位置切开，带皮的肉片留下备用。用菜刀将肉块 1/3 的量剁成粗末，剩下的放入搅拌机中打成中细颗粒状。
③ 制作肉馅。结合②剁碎的肉与绞碎的肉，加入 **A**、盐与胡椒，充分搓揉混合。
④ 用②留下的带皮肉片来卷肉馅。将肉片的猪皮那面朝下置于砧板上，将肉末馅逐次少量地放于肉片上，边放边敲打挤出空气。肉片将肉馅卷起来，再用棉布包起，用棉线捆绑固定。
⑤ 将放冷的凉鸡骨汤煮沸，尝尝味道，斟酌加入适当的盐，令汤汁更美味，将④放入。维持约 90℃加热 3h。
⑥ 离火，仍浸泡于煮汁中冷却保存。

2 制作巴斯克炖红椒。
① 将 graisse d'oie 放入锅中加热，用小火拌炒大蒜与生火腿。
② 飘出大蒜的香气后，将去籽且切成块的红椒加入拌炒。
③ 将 **B**、盐与胡椒加入②中，盖上锅盖以小火蒸翻炒。待水分释出后，掀开锅盖，一边让红椒裹满煮汁，一边将煮汁熬至收干。

3 制作香煎小土豆。
① 将小土豆事先烫过，切成一口大小。
② 于平底锅中加热橄榄油，香煎①。将 **C** 加入，加盐调味。

4 将法式猪肉卷切成厚度 2.5cm 的切片，放入 220 ~ 230℃的烤箱中加热 15min。从烤箱取出，再用加热好的平底锅将表面煎得恰到好处。

5 制作水波蛋。
① 于锅中煮沸热水，加入米醋后关火。用圆锅勺舀起倒下，反复几次来产生对流。此时将打好的鸡蛋缓缓倒入。对流会使蛋黄呈现包覆于蛋白内的状态。
② 将①的锅子用小火加热 2min，再将蛋捞起。

6 红椒泥酱倒入盘中，将巴斯克炖红椒与香煎小土豆盛盘。把法式猪肉卷与水波蛋摆于上面。以西洋菜作为点缀。

各店家的基本食谱（依笔画顺序）

小牛高汤
（绀野 真 /organ）

材料
小牛骨…2.5kg
A ⎡ 洋葱…2 颗
　⎜ 红萝卜…1 根半
　⎜ 芹菜…1 根半
　⎣ 大蒜…1.5 瓣
B ⎡ 丁香…4 粒
　⎜ 白胡椒粒…1/2 小匙
　⎜ 法国香草束＊…1 束
　⎜ 番茄糊…25g
　⎜ 盐…适量
　⎣ 水…5l

＊韭葱的绿色部分 1/2 根、月桂叶 3 片、迷迭香 1 枝、百里香 3～4 枝与荷兰芹的茎梗 4～5 枝，捆成一束而成。

做法
1 将小牛骨放入 230℃的烤箱中烤 15min。
2 **A** 切成适宜大小后，放入 230℃的烤箱中烤 10min。
3 将 **1**、**2** 与 **B** 放入锅中加热，于即将沸腾前将火候转小，捞除浮沫。用小火炖煮 4～5h。
4 将 **3** 过滤，炖煮至水分减半为止。

自制番茄干
（米山 有 /ぽつらぽつら）

材料
小番茄…适量
盐…适量

做法
1 将小番茄横切成半，于切面上撒盐，静置 15min。
2 擦拭掉从 1 切面渗出的水分，放入 100℃的烤箱中加热 5h。

肉汤
（汤浅一生 /BIODINAMICO）

材料
山鸡骨…6kg
洋葱…3 颗
红萝卜…2 根
芹菜…4 根
　月桂叶…3 片
　黑胡椒粒…1 小撮
水…15l

做法
1 将洋葱、红萝卜与芹菜纵切成半。
2 将山鸡骨与分量中的水倒入锅中，以大火加热。当沸腾而出现浮沫时，捞除浮沫。
3 待不再出现浮沫后，将 **1** 与 **A** 加入。煮至滚沸，保持约能冒小泡的火候，炖煮 2～3h 后即可过滤。

红烧猪肉汤
（西冈英俊 /Renge equriosity）

材料
猪肩肉（去除脂肪）…800g
长葱（切成长度 5cm）…5 根
生姜…4 片
调味酱
　⎡ 日本酒…180ml
　⎜ 八角…3 片＊
　⎜ 生抽王…45ml
　⎜ 细砂糖…60g
　⎣ 麻油…30ml
日本酒…适量
盐…适量

＊将八角的 8 片叶子拆散，取 3 片来使用。

做法
1 将猪肩肉纵切成半，各自用棉线捆绑，均匀撒上盐。
2 将日本酒洒于 **1** 上，把长葱与生姜摆于其上，放入 58℃的烹饪蒸烤箱中加热 2h。
3 制作调味酱。将日本酒与八角放入锅中加热，使日本酒的酒精挥发，再将其他材料加入。沸腾后将 **2** 加入，让肉块裹满调味酱，炖煮至汁液收干为止。

鸡高汤
（绀野 真 /organ）

材料
鸡骨…1 只份
洋葱（大）…1 颗
红萝卜（中）…1 根
芹菜…1 根
大蒜…1 瓣
A ⎡ 百里香…3 枝
　⎜ 迷迭香…2 枝
　⎜ 月桂叶…2 片
　⎣ 黑胡椒粒…少许
水…3l

做法
1 将鸡骨清洗干净，与分量中的水一起倒入锅中。以中火加热，于即将沸腾前转为小火，捞除浮沫。
2 大蒜直接带皮横切成半，其他的蔬菜则纵切成半，加入 **1** 中。将 **A** 也加入，以小火加热 4h，过滤。

鸡高汤
（西冈英俊 /Renge equriosity）

材料
鸡肉末…2kg
鸡翅…1kg
鸡脚…1kg
昆布…30g
长葱（切成 5cm 的长度）…4 根
生姜…60g
日本酒…560ml
水…8l

做法
1 将所有材料放入锅中，放入 100℃的烹饪蒸烤箱中加热 4h。用厨房纸巾过滤。

鸡骨汤
（米山 有 /ぽつらぽつら）

材料
鸡骨…1kg
洋葱…2 颗
红萝卜…1 根

芹菜…1 根
水…6l

做法
1 用流水将鸡骨清洗干净。将洋葱与大蒜纵切成半，芹菜则切成一半长度。
2 将 1 与分量中的水一起倒入锅中，加热煮沸，沸腾后将火候转小，捞除浮沫，以小火炖煮 4h 后，过滤。

帕玛森奶酪法式酥饼
（绀野 真 /organ）

材料
帕玛森奶酪…适量

做法
1 将帕玛森奶酪磨碎。
2 于烤盘中铺上烘焙纸，使用模具（直径 5cm）让 1 散开呈圆形。放入 210℃ 的烤箱中烘烤 3min，降温至 175℃ 后，再次加热 4min。冷却后从烘焙纸上取下。

果醋酱
（中山幸三 / 幸せ三昧）

材料
果醋酱（温州蜜柑）*…1800ml
柚子汁…90ml
味啉（酒精已挥发）…720ml
浓口酱油…1800ml
昆布…15g
柴鱼片…20g

* 使用于柑橘果汁中加醋的市售品。

做法
1 将所有材料混合，置于冰箱冷藏 1 周，使之发酵。
2 过滤后放入冰箱冷藏保存。

油封柠檬
（绀野 真 /organ）

材料
柠檬（有机栽培的）…8 颗
砂糖…500g
盐…100g
水…800ml

1 于柠檬的蒂头处往下切出十字切痕，深至约 1cm 处。
2 将砂糖与盐混合，刷入 1 的切痕内。刷剩的部分放入分量中的水里溶解，与柠檬一起倒入密闭容器（大小必须让柠檬能保持完全浸泡于液体中的状态）中，于常温下保存 1 个月半以上，使之发酵。

油醋酱
（荒井 升 /Restaurant Hommage）

材料
橄榄油…450ml
花生油…450ml
覆盆子醋…300ml
红葱头（切成碎末）…170g
第戎芥末酱…20g
浓口酱油…12g
盐…3g

做法
将所有材料放入搅拌机中，搅打至滑顺为止。

昆布高汤
（中村浩司 /Hacienda del cielo）

材料
昆布…约 3g（7～8cm）
水…500ml

做法
1 将分量中的水与昆布放入锅中，静置 30～60min。
2 将 1 置于火上加热，于即将沸腾前将昆布取出，即可离火。

高汤
（中山幸三 / 幸せ三昧）

材料
利尻昆布…120g
柴鱼片（去除血合肉※）…70g
水…10l

※ 鱼脊椎周围色泽偏黑、腥味较重的肉。

做法
1 将分量中的水与利尻昆布放入大锅中加热。维持于 70℃ 炖煮 3h 后，再将昆布取出。
2 让水温升至 85℃，将柴鱼片放入后关火。待柴鱼片下沉后，过滤。

高汤
（米山 有 /ぽつらぽつら）

材料
昆布…20g
柴鱼片…50g
水…2l

做法
1 将昆布与分量中的水放入锅中，静置 1h。
2 将 1 置于火上加热，于即将沸腾前将柴鱼片加入后关火。待柴鱼片下沉后，过滤。